U unique

U unique

U unique

U
unique

楽天にもAmazonにも頼らない!
自力でドカンと売上が伸びる
ネットショップの鉄則

自家網站
大賣的
圖解 鐵則

68個技巧
一PO網
就熱銷

竹內謙禮
Kenrei Takeuchi
賴惠鈴——譯

免責

記載於本書中的內容，目的只為提供資訊。因此，請各位讀者務必基於本身的判斷使用本書，其結果出版社與作者概不負責。本書記載的資訊，全為發行當時的資訊，實際運用時可能已經有所變動。

此外，書中使用的軟體可能因升級，其功能或畫面等跟書中的說明不一致。在購買本書前，請先確認軟體版本的編號。請先理解以上的注意事項後，再閱讀本書。若不理會上述注意事項，恕出版社與作者無法回應任何問題，敬請見諒。

關於商標、登錄商標

本文中所記載的產品名稱，皆為各相關公司的商標或是登錄商標。此外，本文中一概省略 ™、® 等符號。

推薦序

運用主場優勢，打贏精采的戰役

最近，臺北世大運剛剛落幕，想必您也和我一樣感動吧！臺灣勇奪 26 面金牌，不但寫下了歷史新猷，獎牌總數在所有參賽國中排名第三，僅次於日本和南韓，也凸顯了主場優勢的重要性。

主場真的很重要，從這次臺北世大運就可看出端倪。同樣的，經營電子商務或開網路商店，如果也能有自己的主場（官網），那也會比寄居在電商平台或 Facebook 上頭更為牢靠，在營運與發展層面來看，也更具有主動性。

從事網路生意的商家若能自行架站，不但從此不用再看電商平台或網路商城的臉色，也無須繳交「保護費」（手續費、廣告費等），或是必須配合平台的促銷需求而不時做折扣活動，更重要的是可以經營自家的顧客關係，並且擁有珍貴的會員與訂單資訊。

因為經營「臺灣電子商務創業聯誼會」的緣故，以往曾有不少人問過我這個問題：到底是自行架設購物網站比較好，還是直接去網路商城開店來得省事又有效？我想，箇中並沒有標準答案，必須視每個商家的商品、服務和需求而定。但有一點是肯定的，若能自行架站，將得以保有較大的發展空間與彈性。

很多商家之所以選擇在電商平台或網路商城落腳，倒不見得是擔心架站的技術或費用，反而是基於流量的考量。業者擔心，若網站成立之後沒有足夠的客群造訪，將會導致業績無法拉抬。但《自家網站大賣的鐵則》的作者竹內謙禮並不以為然，他認為只要商品實力夠強，不必依賴網路商城的宣傳也可以賣得嚇嚇叫！

此外，對於同時設有實體店鋪的商家來說，自行架站還有一個優點，就是可以把消費者導流到實體店鋪，而這恰好是PChome 商店街、樂天市場購物網等電商平台所無法實踐的優勢。此舉不僅整合虛擬的 Online 商店和實體的 Offline 店鋪，提供消費者更加便利的消費選擇，也讓企業有更多接觸消費者的機會。

作者在《自家網站大賣的鐵則》書中，還跟大家分享了很多經營電商的實戰經驗，像是銷售頁的設計邏輯、網站文案撰寫技巧等等，可說是相當地實用。如果您是網路商店業者，或者正準備投入電子商務領域，我很樂意向您推薦這本好書。

臺灣電子商務創業聯誼會 理事長暨共同創辦人　鄭緯筌

推薦序

一本瞬間打通你經營「電商網站、代購網拍」任督二脈的好書

「有了網站，商品是否就賣得出去了？」

「粉絲人數多，代表下單的人就會變多？」

「有了自家網站，還需要經營社群？為什麼？」

相信這是經營電商網拍者心中曾出現的困惑，透過本書將可解開心中的疑惑了！

本書作者以他在日本樂天市場連二年獲得「年度風雲店家」的經驗，透過此書分享 68 個經營技巧，循序漸進帶領大家學習經營電商的奧義，不管你是電商「初心者」，還是想突破業績更上層樓的「電商老鳥」，都能從本書學習到你所不足和不知的經營技巧。

我建議一開始閱讀此書時，可照書中分類，先設定好自己的「電商定位」，看看你是屬於哪種經營型態，之後可依照書本的操作教學，一步步優化自己的「自家網站」。其實不只是「自家網站」，以台灣目前電商環境來看，不管是「自建電商平台」、「部落格」，或 B2C 的「商店街、樂天」、C2C 的「Y 拍、露天、蝦皮」，只要照書本所教，按表操課，逐步改進，相信讀者也能從單月營收 2 萬內衝到 100 萬以上。2016 年我輔

導一個泰國台商朋友在蝦皮上開店，兩個半月營收就破 100 萬，其使用的電商經營手法許多正如本書作者所述。所以我堅信一句話：「沒有賣不出去的商品，只有不會賣的業務！」。

當有了自家官網後，作者也建議要擁有店家自己專屬「自媒體」，才能即時發布商品及活動訊息。以目前台灣使用人數最多的自媒體來看，我會建議要經營「FB 粉絲團、Line@、IG 及 YouTube」這四大自媒體，因為這四大自媒體各有其使用族群和功能特性。那麼如何透過好的社群經營和導流，順利將粉絲變成鐵粉到最終的「金粉」（願意掏錢買商品和服務），這可又是一門直得深入研究的學問了！有關社群行銷的基本操作技巧，可從本書後半部內容中窺知一二。

自研究所畢業踏入職場開始，我一直從事「網路整合行銷」相關工作，因工作所需，從「網站建置、部落格行銷、關鍵字廣告行銷、SEO（搜尋引擎優化）行銷到近期的 RWD（響應式網頁設計）、FB 社群 / 廣告行銷、Line@ 行銷」，都有實際參與執行專案的豐富經驗。自七年前開始自行創業，擔任中小企業網路行銷顧問以來，從品牌建立、行銷策略制定到行銷媒體操作，輔導超過上百家企業。這次很高興有機會協助本書部分內容撰寫，以符合台灣電商環境「適地性」使用。

泰國批貨 電商顧問　顏毓賢（Ricky）

前言

「請不要放棄，網路商店的營業額還有成長的空間！」

想在網路上開店、被樂天市場的手續費與廣告費壓得喘不過氣、希望自家網站的營業額能與 Amazon、Yahoo 並駕齊驅……想「**靠自己的網路商店創造營業額**」的人，我希望這本書能對你們有所幫助，這便是成書的由來。

過去我執筆的相關書籍，主要是教大家如何面對嚴峻的現實，如何繼續勇往直前。然而，目前網路商店的競爭愈來愈激烈，老是寫這些殘酷的現實，也只會讓人心情愈來愈沉重，害人提不起勁來。一旦提不起勁，不管提供再好的建議，營業額也無法成長。換句話說，只揭露不願面對的現實，反而本末倒置。

因此，本書的主旨，就是希望透過不同的行銷手法，讓網路商店的經營變得更有趣。想當然耳，我也寫了一些有點辛辣的評論，希望大家能將之視為一種鼓勵。

以下三點是本書的特色：

1. 這是一本自家公司網站的攻略本

所謂的「自家公司網站」(以下簡稱自家網站)，是指掛在自家公司網域名稱下的網站。也就是說，本書不是要教你看樂天和 Amazon 的臉色，而是經營自家公司的網路商店所需要的知識技術。

2. 行銷手法多為「長期維持」且能「現學現賣」

無論重看多少次，你都可以不斷發現合適的行銷手法。只要有了這一本，就不再需要其他網路商店書。書中更網羅了許多可以立刻實踐的行銷手法。

3. 將知識技術分成初級、中級、高級三個階段

網路商店經營的現狀是知識技術太多，反而會讓人不知道該從何處著手。本書將知識技術分成：每月營收 50 萬日圓以下的「初級」、每月營收 100 萬日圓以下的「中級」、每月營收 100 萬日圓以上的「高級」這三個階段。

如果你做什麼都失敗，請務必從初學者的部分開始閱讀。裡頭介紹許多簡單的技巧，只要稍微下一點工夫，就能一口氣提升營業額。在這一章裡，既沒有專業知識也不須經驗，即使你只有三分鐘熱度也能愉快勝任。

如果你正煩惱最近的營業額怎麼都上不去，不妨從中級者的部分開始閱讀。由於寫的是你過去從未實踐的事、沒注意到的事，因此只要加以實踐，營業額想必能更上一層樓。

想要鴻圖大展、創造更多營業額的人，請從高級者的部分開始閱讀。這部分的行銷手法可能稍微有點麻煩、辛苦，但各位過去都能提升營業額至此了，肯定能付諸執行，締造佳績。別擔心，既然在這個宛如戰國時代般殘酷的世界，你的網路商店能活到現在，營業額應該還有成長的空間。

最後，一旦翻開本書，請一定要看到最後。

這麼厚的書，在閱讀過程中恐怕會一直打瞌睡，可能看到一半就想放回書架上，可是書不看就不會變成知識，也無法成為武器。我不會嚴格要求「要把寫在書裡的東西全部付諸實行」，**但是，至少要翻開書、閱讀、一直看到最後一頁才行，**這麼一來，你一定會想要提升自家商店的營業額。另外，請務必實踐一、兩個書中的技巧，藉由這些小小的成功體驗，你就會一而再、再而三的想要實踐書中的其他技巧，或許就能逐漸提升營業額了。

當然，為了讓大家都能看到最後一頁，身為作者，我必須提供具有啟發性的知識技術與有趣的文章才行。讓我們一起航向自家網站的行銷大海。

那麼，現在就出發吧！

經營顧問　竹內謙禮

CONTENTS

推薦序　運用主場優勢，打贏精采的戰役……003
推薦序　一本瞬間打通你經營「電商網站、代購網拍」任督二脈的好書……005
前言　「請不要放棄，網路商店的營業額還有成長的空間！」……007

【序章】經營自家網站所需要的心理準備

1. 自家網站為何開始流行？……016
2. 經營自家網站需要的是「男子漢的承諾」……018
3. 決定好最適合的「目的」，就能找到最適合的「策略」……020
4. 網路商店經營，賭上生存的六個必勝法……023
5. 以龐大的商品數量為傲——「偶像團體」型……026
6. 扎實培養粉絲就能大賣——「街頭歌手」型……029
7. 有劇場，網路上就會有粉絲——「吉本藝人」型……031
8. 背負著公司的招牌，所以不能亂來——「電視台主播」型……034
9. 利用空檔做副業，能賺一點是一點——「地下偶像」型……036
10. 在超級巨星的陰影下只能努力了——「傑尼斯」型……043

【初級篇】從單月營收掛零，迅速達到單月營收 50 萬日圓的速效獨門心法

1. 最簡單的更新：把電話號碼刊登得大一點 048
2. 釣到大單的消費者是提升營業額的特效藥 052
3. 消費者不來的話，就先從寫部落格開始吧 055
4. 立即見效！立刻提升營業額的文案術 059
5. 馬上寫出暢銷商品說明文的技術 061
6. 文章寫得長，東西大賣又利於搜尋 064
7. 自家網站的成敗，八成取決於照片的品質 066
8. 只要放上大量照片，就能賣出大量商品 070
9. 為照片加上「圖說」，就能刺激購買欲 073
10. 沒有「使用者心得」，生意一定不會好 076
11. 再丟臉也要放上大量工作人員的照片 079
12. 用實體店鋪或辦公室的照片來宣傳「只有這裡才買得到」 082
13. 外行人製作影片容易產生「廉價感」 084
14. 抓住節慶送禮需求來提高客單價 088
15. 將消費者從網路商店吸引到實體店鋪，提高回購率 091
16. 傳單或型錄是重要的集客工具 095
17. 隨商品附上的促銷傳單，讓營業額不斷成長的祕密 097
18. 為了保持士氣，要與同行交朋友 100
19. 焦點放在女性消費者賣得更好 102
20. 想提升營業額，現在就馬上停止模仿樂天市場 104
21. 「搜尋關鍵字」讓自家網站的營業額截然不同 106
22. 了解搜尋引擎扮演的「角色」，就能靠 SEO 輕鬆拿第一 109
23. 只要能做出讓人沒有壓力的手機網站就會大賣 112
24. 把商品賣給親朋好友，象徵著決心 115

【中級篇】讓單月營收從 50 萬日圓成長到 100 萬日圓，不可或缺的行銷手法

1. 只要持續在部落格或臉書上發文，營業額勢必會成長 120
2. 如何將沒人要看的電子報，變成大家想看的電子報.................. 123
3. 如何蒐集品質良好的電郵地址.. 126
4. 絕對不會輸給其他公司的專業內容製作技巧 129
5. 強調優於競爭對手之處更容易把商品賣出去 132
6. 利用插圖或漫畫，進一步刺激購買欲.. 135
7. 讓營業額一口氣狂飆的特賣會精髓 138
8. 一舉兩得的「瑕疵品」銷售手法 141
9. 善用自家網站的「紅利點數」來提升營業額 143
10. 就連消費者也能接受的漲價方式 145
11. 善用 Google 分析工具做出正確的判斷 148
12. 要「以量取勝」還是「培養粉絲」，選擇合適的回信方式........... 152
13. 「增加商品數量」是提升營業額的最簡單方法........................... 155
14. 找出免運費最佳的「合計金額」以提高客單價........................... 157
15. 不讓 Amazon 把消費者連根拔走的對策.................................. 160
16. 不讓消費者在樂天市場購買，而是向自家網站購買商品的方法.. 163
17. 在日常生活中養成尋找暢銷搜尋關鍵字的習慣 167
18. 製作出生意好的手機網站 170
19. 比起技術，「要不要做」SEO 的決策更重要 177

【高級篇】即使單月營收 100 萬日圓以上，也還有成長空間的絕招

1. 有些網路商店適合臉書，有些則否 180
2. 必須採取會讓人下意識按「讚」的策略 184
3. 計畫性的增加臉書的追蹤者 186
4. 利用個人臉書縮短與消費者的距離最理想 189
5. 利用臉書廣告不斷獲得新客戶的方法 192
6. 一旦闖出知名度，就能用推特展開集客的宣傳活動 196
7. 圖象為王，用 Instagram 吸引消費者 199
8. 多花點心思在 LINE 的應對上，將消費者培養成粉絲 203
9. 搜尋引擎廣告的運用請花上一年的時間好好研究 206
10. 精心製作登陸頁面，逐漸提升購買欲 209
11. 「再行銷廣告」要與其他行銷工具結合才能發揮真本事 213
12. 網路廣告請委託專業 215
13. 不仰賴搜尋或社群網路，創造出爆發性營業額的新聞稿策略 217
14. 被主流媒體主動報導的方法 220
15. 網頁改版千萬別看心情 223
16. 善用社群網路與廣告傳單，解決網路商店的人力問題 228
17. 選擇訂單系統以創造更高的營業額 232
18. 盡量減少內部工作人員的數量，有效率的善用外包工作人員 235
19. 自家網站擴張策略：決定要「營業額」或「自由」 239
20. 依搜尋關鍵字分成幾家網路商店來經營，繼續加強 SEO 244
21. 把聯盟行銷的會員當成合作夥伴 247
22. 暢銷商品的重點在於「搜尋關鍵字」和「外觀」 250
23. 強化消費者長期訂購的決心 253
24. 發現網頁遭到模仿，請先試著自己解決 256
25. 積極舉辦行銷活動，有助於強化社群網路和 SEO 258

透過訪問解讀成功的祕密

「經營自家網站當真是網路商店最強大的手段嗎？」......................... 274

「由1名主婦成立的小型網路商店如何變成僱用30位主婦，
在許多百貨公司販賣商品的知名商店」... 283

寫在最後 290

序章

經營自家網站
所需要的心理準備

在序章裡，將說明經營自家網站所需要的「心理準備」為何？在進入實踐技巧前，希望各位能先理解「經營自家網站是怎麼一回事？」再開始準備提升營業額的「前置作業」。

自家網站為何開始流行？

如「前言」所說，本書是針對自家網站的網路商店攻略本。說得直接點，一提到「網路商店」，大家可能會認為在樂天市場或 Amazon 那種大型商城開店比較「好賺」，但本書刻意只把焦點放在「自家網站」上。理由如以下三點：

①樂天市場、Amazon 的競爭愈發激烈

當網路商店的數量與商品數量都增加了，樂天市場與 Amazon 變成比以前更難經營的市場。此外，再加上網路廣告的反應變差、手續費上漲等因素，網路商店的經營環境本身變得愈來愈嚴峻。如此一來，「生意不好」的自家網站，與在競爭激烈的商城中「生意不好」的店家，其程度不再有那麼大的差別。

②商品力時代的來臨

隨著競爭白熱化，撒廣告費與策略擬定不再是關鍵，電子商務進入了「商品力」的時代。因為這樣，消費者的思考從「哪家店有在賣」，逐漸轉變為「如果網路上有賣就在網路上買」，因此，只要商品實力夠強，不必依賴樂天市場或 Amazon，商品也賣得出去。

③網路市場的虛實界限消失

隨著消費者的網路技術提升，單純在購物商城賣東西的方式便相形見絀。消費者可能在臉書獲得商品情報，卻在Instagram上購買商品；或在實體店鋪看到商品，卻用網路下訂單——由此可見，當購買模式的界限消失了，反而是行銷自由度比較高的自家網站有比較大的商機。

想當然耳，樂天市場或Amazon的銷售力至今仍有其高人一等之處。然而，觀察市場的趨勢，現今的銷售手法已不拘泥於網路廣告，只在網路商城販賣商品的方式，反而可以說是在開倒車。

認為靠自家網站「賣不掉東西」已經是過時的想法，說不定只是因為樂天市場或Amazon生意太好，才讓人對自家網站的經營產生負面的印象。如前所述，電子商務的市場正明顯的逐漸轉變成對自家網站有利的環境。

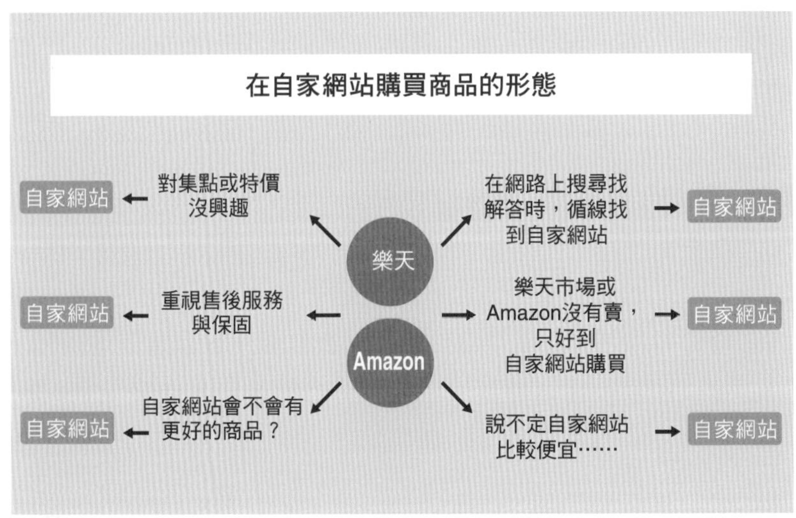

經營自家網站需要的是「男子漢的承諾」

不想再支付昂貴的手續費與廣告費

自家網站賣得不如樂天市場或 Amazon，原因是「集客力」太弱。因此在網路商城開店的人都會因為太想「集客」，而支付大量的手續費或廣告費。

然而，集客明明是一件這麼重要的事，大多數的人卻都不當回事，以為什麼都不做，消費者也會增加；或不知道方法，但先開一家網路商店再說，以草率的心態開始經營自家網站。這樣當然會失敗。

但反過來說，這件事其實很單純。因為只要努力吸引消費者，就能保證自家網站的營業額一定會成長。再說得極端一點，只要能吸引到消費者，就不用再支付樂天市場或 Amazon 昂貴的手續費跟廣告費。

拚死拚活也要吸引消費者

如前所述，自家網站之所以經營不善，主要是因為網路商店的經營者太瞧不起集客這件事了。我也兼任實體店鋪的顧問，因此可以理解要在真實世界做行銷，真的把消費者吸引到店裡是件多辛苦的事。必須風雨無阻的在店門口發傳單，不然就要把店開在人來人往的精華地段，支付幾乎無法負荷的昂貴房租。

然而，換成經營網路商店，由於無法親眼看到這些真實的狀況，就會以為「反正船到橋頭自然直」，不把集客當回事。

因此，請對我許下「男子漢的承諾」：「一定要拚死拚活吸引消費者！」就算正在閱讀這本書的你是位女生，也請遵守這個約定。不然的話，你就會不自覺忘了要「吸引消費者」，自家網站的經營也會以失敗告終。

「為了吸引消費者，我什麼都肯做！」

只要有這股熱情，經營自家網站就一定能成功。

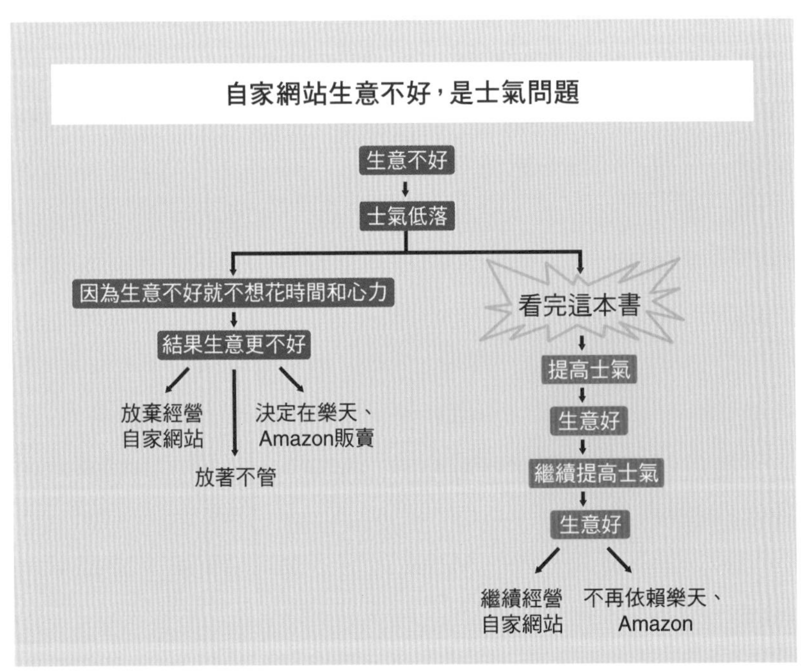

決定好最適合的「目的」，就能找到最適合的「策略」

「目的」不夠明確容易導致惡性循環

自家網站經營不善的原因還有一個可能，就是「目的」不夠明確。當然，因為是以營利為目的，目的除了「賺錢」再無其他。但是以自家網站來說，由於每個月不用花費太多營運成本，目的很容易從「賺錢」轉移到「經營」，結果導致經營陷入有一搭沒一搭的惡性循環。

在樂天市場或 Amazon 上經營網路商店的人，也會有這種狀況。不過，如果在網路商城上開店，就得支付高額的手續費和廣告費。這麼一來，經營者會認為絕不能虧損，所以會認真經營。這種急迫的想法也會呈現在策略上，讓開在網路商城上的商店營業額成長。

由此可知，經營自家網站之際，首先必須決定「目的」。看是要認真經營、利用空檔經營，還是別有目的。決定好「目的」之後，就能決定要在這件事上投注多少心力，從而擬訂提升營業額的策略。

經營自家網站的目的主要有以下三點，請配合自家網站的經營方式選擇目的。

①認真經營

如果你是以認真賺錢為目的，就會將人力與金錢投資在自家網站的經營上。這麼一來，就會產生「不想虧損」的心態，拚命想提升營業額。因此，「生意好之前就投入資金與人力」才是事業成功的鐵則，而非「因為生意好才投入資金與人力」。

②利用空檔經營

也有因為公司內部的問題或體制，無法認真經營自家網站的公司。

「還有其他工作要做，實在沒時間經營自家網站……」
「沒有設置專門的負責人……」
「還必須借助樂天市場的力量……」

在這樣的情況下，就只能挑出可以做的事，從事能夠立即見效的行銷手法（本書的初級篇）。另外，在不會干擾到日常業務的前提下，不妨只專注完成一項工作，並持之以恆。別慌張，只要多花點時間，以實際的可實現營業額為目標，自然就能看見下個階段的銷售手法。

③經營模式以實體店鋪為主

一旦致力於實體店鋪的集客，必然能培養出商店或商品的粉絲，那些消費者也會在網路商店購買商品。自家網站就像助手般的存在，不需要花太多心力。取而代之的是要徹底的致力於實體店鋪的行銷活動，諸如廣告宣傳、廣告信等。當然也不能因為這樣就對自家網站放著不管，要隨時留意「將網路與實體店鋪做連結」，並以此為經營方針。

請思考自己為上述三種環境的哪一種，藉此決定自家網站的經營「目的」。

經營自家網站成功的 5 個條件
（不妨貼在牆上或桌子前，隨時都能看到的地方）

- ☑ **要做就一定要賺錢！**
- ☑ **為了集客，我什麼都願意做！**
- ☑ **培養商店的粉絲！**
- ☑ **比起資金，不如多花點心力！**
- ☑ **持之以恆是最大的武器！**

網路商店經營，賭上生存的六個必勝法

網路商店的競爭非常激烈，可是……

網路商店的殊死戰，目前來到非常激烈的狀態。跟以前比起來，網路商店的數量增加，商品的數量也膨脹到宛如恆河沙數。不僅如此，削價競爭與廣告費的投資也急速白熱化，規模比較小的網路商店要存活下來的難度也比以前高多了。在這種情況下，自家網站也必須與樂天市場或 Amazon 等購物商城對抗才行，如今光用「嚴峻」兩字已經不足以形容網路上無止境的競爭。

然而仔細想想，「嚴峻」兩字也不只存在於網路商店。不管是餐飲業還是建築業，大家都被削價競爭或競爭對手的出現逼得走投無路。即使在同一家公司，也有升職競爭或搶客戶的競爭，所以「工作」原本就是一件很嚴峻的事。這麼說來，只因為「網路的競爭很嚴峻」這個理由就忘了初衷，可以說是一件非常可惜的事。既然賺錢的世界如此嚴峻，就要做好心理準備，勇敢面對，心情反而會落得輕鬆，更能面對各式各樣的挑戰。

要「出道」，方法多得是

接下來，請試著將自家網站的經營模式，想像成「演藝圈」。至於為何要比喻成演藝圈，是因為演藝圈就跟網路商店業一樣，是個競爭非常激烈的世界。要如何在競爭激烈的演藝圈存活下來？在思考演藝圈的「必勝法」時，我發現有很多地方跟經營自家網站的模式不謀而合，便以此作為分類。

在日本的電視世界，只有主要的五家電視台才有演出機會，再加上播放時間還有「24 小時」這個限制。換句話說，這樣的「框架」已經固定了，要獲得眾人目光，就必須服膺於這樣的框架。而為了在這個小得可憐的框架裡存活下來，上千名的藝人都在拚搏、努力著。

一思及此，不覺得網路商店的世界還比較輕鬆嗎？

能搜尋的關鍵字近乎無限多，要出現在世人面前，方法多得不得了。再加上自家網站很自由，要像藝人一樣「出道」，方法更是多到不行。

接下來，將為各位介紹六種自家網站的經營模式，裡面充滿了演藝人員要在殘酷的競爭中存活下來的智慧，請務必參考看看。

萬一自己經營的網路商店不屬於這六種模式的任何一種，只要再接受「甄選」就行了。藉由重新規畫網路商店的概念，再建立打敗競爭對手的策略，要東山再起多的是機會。

6 種自家網站的經營模式

重視商品數量
「偶像團體」型態

培養狂熱粉絲
「街頭歌手」型態

從現實與想像來集客
「吉本藝人」型態

背負著公司招牌
「電視台主播」型態

只要能吸引到部分狂熱粉絲即可
「地下偶像」型態

在超級巨星的陰影下很難出頭天
「傑尼斯」型態

以龐大的商品數量為傲——「偶像團體」型

適合大量進貨的商業模式

團體的成員愈多，粉絲的人數也會變得更多；粉絲的人數愈多，唱片就能賣得更好，來看演唱會的人數也會增加。偶像團體「AKB48」、「早安少女組」等等，或許就是採取增加成員的人數，來讓粉絲人數等比例成長的策略也說不定。

就這個角度來說，「以商品數量決勝負」對自家網站的經營也很重要。商品數量愈多，商品的頁面就會跟著增加，在網路上被消費者搜尋到的可能性也會提高。這麼一來，訪客人數就會上升，該商品的回頭客或整批購買的人也會增加，營業額自然也會等比例成長。而且在策略上，只要增加商品數量即可，因此不須想得太複雜。以剛才提到的偶像團體為例，只要定期舉辦甄選，為團體注入活水，就能吸收到新的粉絲，讓營業額持續成長。

這種銷售方式，適合商業模式為大量進貨的自家網站。若是品項夠多，或是與許多批發商關係良好，就應該大膽引進各種商品，致力於增加數量為上策。

商品數量至少要達到 5000 件

如果想要以偶像團體的模式成功，祕訣就在增加商品數量，且絕不妥協。依經手的商品種類而異，需要的商品數量不一而足，但如果要以廣泛度取勝，商品數量至少要達到 5000 件。有些網路商店經營者認為，即使增加商品數量，營業額也沒有成長。但這種網路商店多半只把商品增加到上百件左右而已。因此，除了不同的顏色、尺寸以外，請再找出不同路數，想辦法增加商品數量。

只不過，商品數量一旦增加，商品管理就會變得複雜，因此在達到某個營業額後，就必須導入庫存管理及訂單管理的系統。從這個角度來說，倘若身邊沒有熟悉這些系統的人，營業額很可能一下子就會遇到瓶頸。

儘管如此，這種策略具有一項很大的優勢，就是邏輯單純：「商品數量增加，營業額就會提高。」因此只要是對進貨有自信的公司，就該徹底致力於增加商品數量。

從訪客量及銷售狀況，研究要怎麼改善自家網站的網頁

有訪客量，也賣得好的商品 ↓ 只要讓網頁內容更充實，就能賣得更好	**有訪客量，但賣不好的商品** ↓ 只要讓網頁內容更充實，就能開始大賣
訪客人數雖少，但賣得好的商品 ↓ 在內容加入其他的搜尋關鍵字，就能增加更多訪客人數	**訪客人數少，賣得也不好的商品** ↓ 由於不知何時才能賣出去，姑且放著不管

重點在這裡！

商品數量只要增加，就能清楚分成「賣得出去的商品」與「賣不出去的商品」。然而，也因為商品數量太多，無法照顧到所有的商品。這時請以訪客人數為準，並區分賣得出去的商品與賣不出去的商品，就能看出該怎麼改善網頁才能提升營業額。

扎實培養粉絲就能大賣——「街頭歌手」型

利用商品或商店的「故事」，打動粉絲的心

從街頭藝人發跡，最後正式出道的歌手意外的多。例如「生物股長」或「柚子」等活躍於第一線的歌手，以前也都有過在街頭演唱的素人時期。

與街頭歌手有異曲同工之妙的，就是以單件商品或幾項種類一決勝負的自家網站。由於只有一件商品，賣出去的機率很低，被消費者看見的機會也不多。然而這種「堅持」反而能牢牢抓住消費者的心，培養出狂熱的粉絲。

對販賣這類商品的自家網站而言，商品或商店的「故事」顯得格外重要。就像歌手出道前的苦日子會打動歌迷的心，同樣的，為了吸引消費者上門，必須要有故事。因為有故事、有背景，與其他商品做比較時，就能成為獨一無二的商品。故事將成為商品附加價值，使其可以用比較高的價格賣出。這麼一來，就不會被捲入削價競爭，想買該商品的消費者會主動以商品名稱或店鋪名稱搜尋，前來自家網站購買。結果，既不必用到 SEO（Search Engine Optimization，搜尋引擎最佳化），也無須花廣告費，就能讓營業額成長。在經營自家網站時，像這種街頭歌手型的網路商店，通常都會有非常亮眼的營業額。就算不在樂天市場或 Amazon 開店，專找該商品的消費者也會主動前來購買，所以不用煩惱集客的問題。

重點在於多花點時間與心力

這種自家網站要成功，重點在於要多花點時間與心力來經營。商品的製作自不待言，還要在內容設計上花心思，讓大家了解商品的魅力，並利用部落格或臉書等，表達店長及工作人員的想法。就像這樣，你必須腳踏實地培養粉絲。

如同街頭歌手並非全都能正式出道，要以講究的單件商品取勝，肯定是場嚴峻的戰鬥。然而，只要抱持熱情，認為：「不管會面對什麼樣的苦難，我都要把這個商品賣掉。」就一定能培養出粉絲，踏上成功之路。

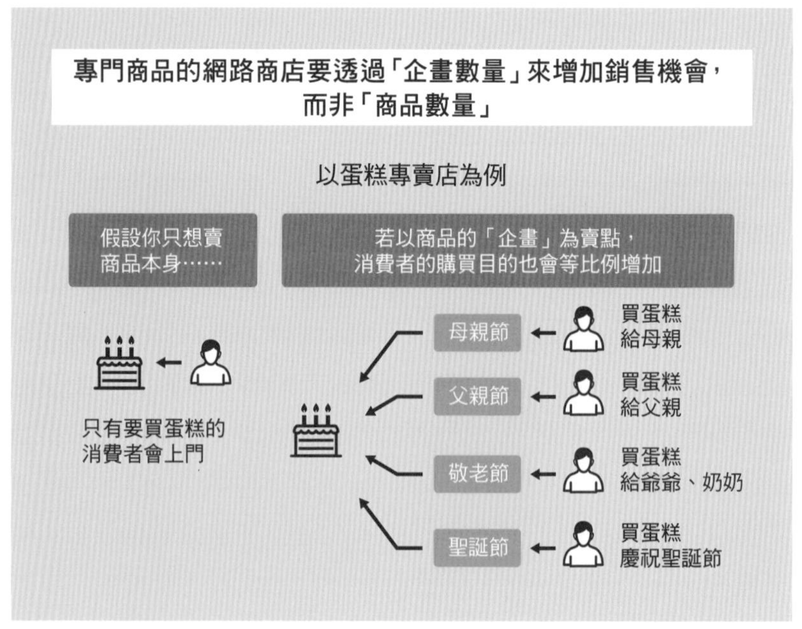

有劇場，網路上就會有粉絲——「吉本藝人」型

跨界演出，培養出狂熱的粉絲

吉本興業旗下有很多搞笑藝人，在日本，幾乎沒有哪一天打開電視不會看到吉本興業的藝人。吉本興業的搞笑藝人之所以能得到觀眾的支持，實力固然是原因之一，然而，吉本興業在全國各地都有相聲或短劇的劇場，這點也很重要。包括根據地大阪在內，東京、札幌、千葉、埼玉、沖繩……要是能親眼看見只有在電視上才能看到的知名搞笑藝人，觀眾的喜悅便會倍增。另一方面，若在電視上看到原本只在劇場裡才能看到的搞笑藝人，對該藝人的喜愛程度也會一口氣水漲船高。藉由劇場與電視，讓人輪流體驗真實世界與虛擬世界，也成了吉本藝人培養出狂熱粉絲的主要原因之一。

在消費行為的虛實界線逐漸消失下，我們經常可以看到一些自家網站利用這種手法，讓消費者體驗兩種不同的世界，藉此培養粉絲。例如消費者在網路商店買東西，喜歡上那樣商品後，親自前往實體店鋪，公司就能在線上與離線的市場都培養出死忠的消費者。這麼一來，擁有實體店鋪的自家網站就必須做出與其他商店的差異化。

「將消費者誘導到實體店鋪」是樂天市場或 Amazon 無法實踐的優勢

像這樣的手法要成功，祕訣在於必須積極在網路與實體店鋪的內容中，公布彼此的資訊。像是店面的照片、活動的盛況，或消費者購買商品時的照片等等，發表這些內容，就能讓人想像實體店鋪的模樣，更能提升消費者的購買欲望。另外，藉由實體店鋪的宣傳手冊，或在型錄上刊登臉書、LINE 的資訊，讓實體店鋪的消費者加入網路社群，更能活化消費者的購買意願。會來到實體店鋪的顧客，並非透過搜尋引擎或廣告吸引而來，而且這些顧客實際與店員交流過，並親身感受過店裡的氣氛，想必能成為優質顧客。

只不過，要採取這種策略，必須有行銷會因此變得複雜的心理準備。賣方如果不能好好描繪出如何讓消費者透過網路與實體店鋪變成好顧客的設計圖，就會變成兩頭不到岸的策略。這是相對困難的行銷手法，因此實體店鋪與網路商店兩邊的工作人員都要打起十二萬分的精神，最好讓工作人員頻繁分享資訊。

「將消費者誘導到實體店鋪」可以說是樂天市場或 Amazon 皆無法實踐，而是自家網站特有的優勢之一。可以想見在競爭激烈的電子商務業界，今後像這種「吉本藝人」型態的自家網站將會愈來愈多。

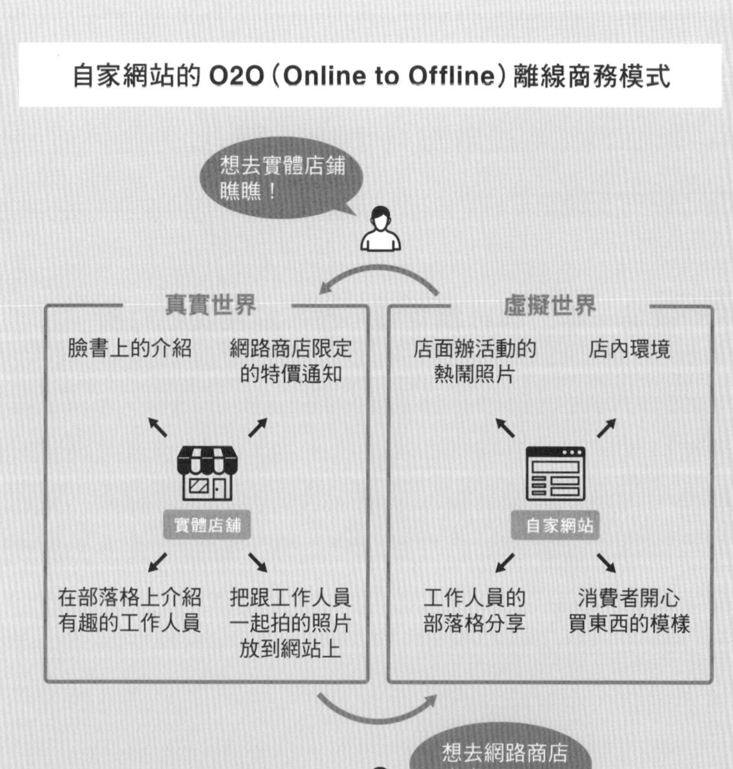
自家網站的O2O（Online to Offline）離線商務模式
想去實體店鋪瞧瞧！
真實世界
臉書上的介紹
網路商店限定的特價通知
實體店鋪
在部落格上介紹有趣的工作人員
把跟工作人員一起拍的照片放到網站上
虛擬世界
店面辦活動的熱鬧照片
店內環境
自家網站
工作人員的部落格分享
消費者開心買東西的模樣
想去網路商店瞧瞧！
※所謂O2O指的是自由往來於實體店鋪與網路商店買東西消費行為。

背負著公司的招牌，所以不能亂來——「電視台主播」型

不能做獨一無二的行銷企畫，也不能拍賣或打折

電視台的主播都站在非常艱難的立場上工作。身為主導節目進行的人，必須嚴肅的主持才行。由於主播代表電視台，是電視台的門面，不容許脫稿演出。然而在綜藝節目裡，又必須表現出比藝人還要有趣的反應，其立場之艱難，真不知該表現到什麼程度才好。

在經營自家網站的時候，很多人也跟電視台主播一樣，站在非常艱難的立場上工作，那就是經營廠商自家網站的人。由於背負著公司招牌在經營網路商店，無法進行太獨特的行銷企畫。此外，顧慮到與盤商的關係，也幾乎不可能為了獲得新客源辦特賣會或打折。除此之外，如果沒有一一得到主管許可，就無法上傳到臉書或推特等社群網站上，有很多大型企業的網路商店經營者，都必須在這麼苛刻的條件下經營網路商店。

巧妙的強調身為廠商的優勢

如果要在如此嚴格規定的「束縛」下經營自家網站，我建議各位去強調由廠商直接經營的「安全感」。舉例來說，在販售商品時，不妨提供其他網路商店無法做到、只有廠商才能提供的商品保證。此外，可以販賣只有廠商直營網站才有的限量商品，或是銷售已經過季的存貨也很有意思。

組織愈大，機動性也愈差，所以不要花太多心力用社群網路行銷，而是去充實內容，用搜尋引擎確實獲得新客源。這種行銷手法可以說最適合「電視台主播」型態的自家網站。

雖然要站在艱難的立場行銷，但是反過來說，身為廠商的優勢也能讓內容更充實。如同「電視台主播」有很多粉絲，廠商直營網站肯定也能培養粉絲，所以請不要放棄，繼續摸索廠商特有的銷售手法。

廠商直營的自家網站切忌這樣使用臉書或部落格

☑ **宣傳、資訊只上傳至臉書或部落格**

社群網路是「人」與「人」交流的地方。老是在這種地方放一些廣告之類的無趣資訊，並不會有行銷的效果，反而會成為忠實顧客離去的主要原因。

☑ **臉書和部落格的內容一樣**

社群網路與部落格各自扮演不同的角色。如果都放同樣的資訊，會讓消費者覺得「偷工減料」，有時候還會造成反效果。

☑ **負責人無法全權負責**

必須特地取得主管同意才能發文的臉書或部落格，無法迅速將訊息傳達給消費者知道。

☑ **只寫些無關痛癢的內容**

沒有人會特地花時間閱讀無關痛癢的內容。所以請隨時提醒自己要寫出「只能在這個臉書或部落格上看到」的珍貴情報。

利用空檔做副業，能賺一點是一點——「地下偶像」型

規模小但能確實產生利益的商業模式

所謂的「地下偶像」是指幾乎不出現在媒體上，以演唱會或活動為主的偶像，他們只針對一小部分的狂熱粉絲辦活動。雖然知名度不高，感覺卻很親近，只要去小型展演空間就能直接見到面，還可以握手。去看看演唱會上，地下偶像與歌迷一起樂在其中的光景，那盛況幾乎不輸給知名藝人，這也可以說是地下偶像才有的魅力。

像這種規模雖小，依舊能受到歌迷狂熱支持的地下偶像，很像規模不大，但受到少數忠實顧客支持的自家網站。不管是很有品味的首飾，還是只有少數的粉絲才知道的專用零件，營業額雖不大，但能確實產生利益的商業模式其實才是最適合自家網站的經營模式。

從一開始就不要偷懶，徹底做好會大賣的網頁

要讓這種地下偶像型態的自家網站成功，祕訣在於開張前要先徹底做好會大賣的網頁。架設小規模自家網站的人都沒有錢和時間，所以製作的網站都很隨便。然而，一旦開始營運，又會忙到沒空修改，只好將就著繼續販賣。為了不讓自己陷入

這種進退維谷的狀態，最好一開始就不要偷懶，參考生意好的自家網站，精心製作具有戰鬥力的網站。

還有，不要亂槍打鳥的做行銷也很重要。如果要持之以恆做些什麼的話，不妨把每天的作業停留在容易培養粉絲的臉書，和因應搜尋對策的部落格更新即可。

就現階段而言，自家網站或許還處於地下偶像般的處境，然而一旦開始大賣，正式出道將不再是夢想。另外，如果你的目的只是想做做副業，稍微用興趣賺點錢就好的話，不用花到營運成本的地下偶像型自家網站可說是再好不過。

比起營業額，若能將消費者的喜悅視為自己的工作動力，就算不用擴大規模，也有其經營價值，而這也是自家網站的魅力之一。

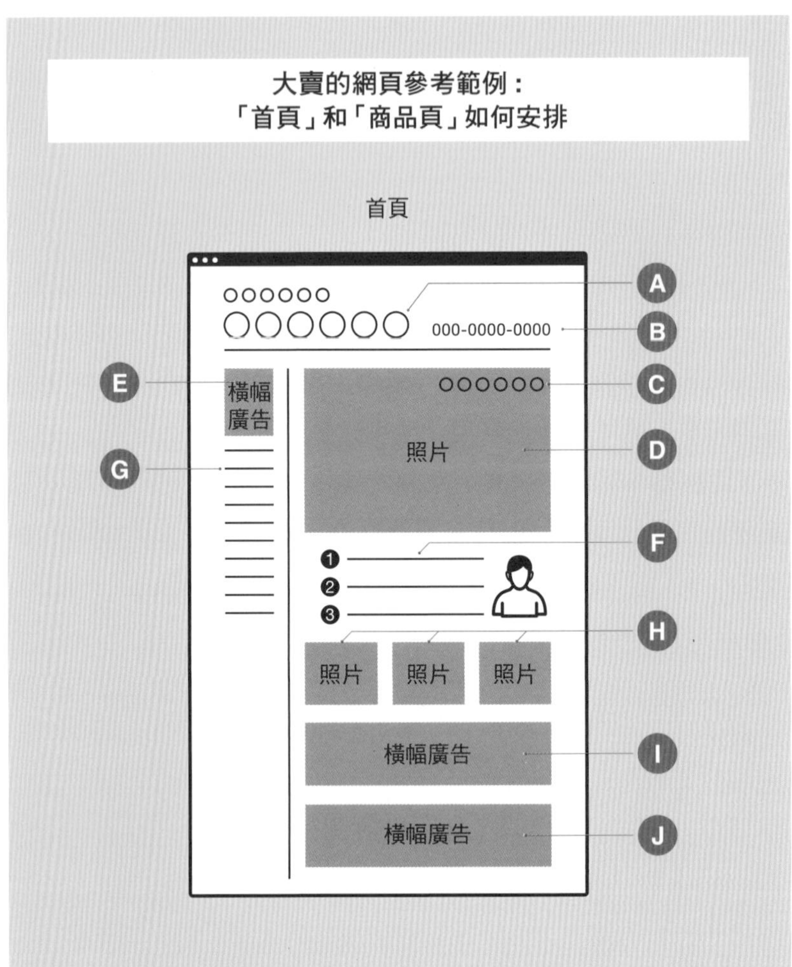
大賣的網頁參考範例：
「首頁」和「商品頁」如何安排
首頁
○○○○○○
○○○○○○
000-0000-0000
A
B
C
D
E
F
G
H
I
J
橫幅廣告
○○○○○○
照片
❶
❷
❸
照片
照片
照片
橫幅廣告
橫幅廣告

A 店名請簡化。像「吸塵器批發中心」或「鐵道模型百貨公司」，這種名稱會讓人感覺划算，店鋪名稱裡又有可搜尋的關鍵字，這是最理想的。不妨在副標題的文案置入「品項最齊全」等文字，強調店鋪的特徵。

B 將店鋪的電話號碼設計得大一點、顯眼一點。最好也同時把電話號碼刊登在側邊和頁腳處。

C 照片上若有文字說明，文案應盡量減短，盡量不要干擾到照片。

D 照片選擇上，請放一些讓人一眼就能理解這裡賣什麼的照片。

E 這個橫幅廣告是消費者一眼就會看到的位置。可以放些能因應大量採購、可批發的橫幅廣告，或是實體店鋪的介紹，並盡量放大、顯眼。

F 以條列式寫下三點這家網路商店與其他競爭對手不同的重點。例如：雙重品管、全為國內生產、工作人員都是專業人士等，說明其他公司無法模仿之處。也可以在這裡放上店長或董事長的照片。

G 在導覽列必須放些對消費者有幫助的內容。舉例來說，如果是吸塵器的販賣網站，就可以放「吸塵器的歷史」、「吸塵器的比較」、「吸塵器的種類」等，充實吸塵器相關的內容。藉由製作這些內容，還能強化 SEO，讓消費者有安全感。

H 把賣得好的商品列出來，但如果想讓消費者看到底下的廣告，最好將刊登的商品控制在一～二行。別忘了加上簡單的文案。

I 放上大力推薦的商品或特價商品。製作華麗的橫幅廣告，設計風格以引人注意，會讓人想要點進去看為佳。最好讓消費者不自覺點擊，想一窺廣告連結的頁面。

J 除了特價資訊以外，像是對消費者有附加價值的內容，例如特別企畫或商品介紹等，最好也設置大型的橫幅廣告來吸引消費者。

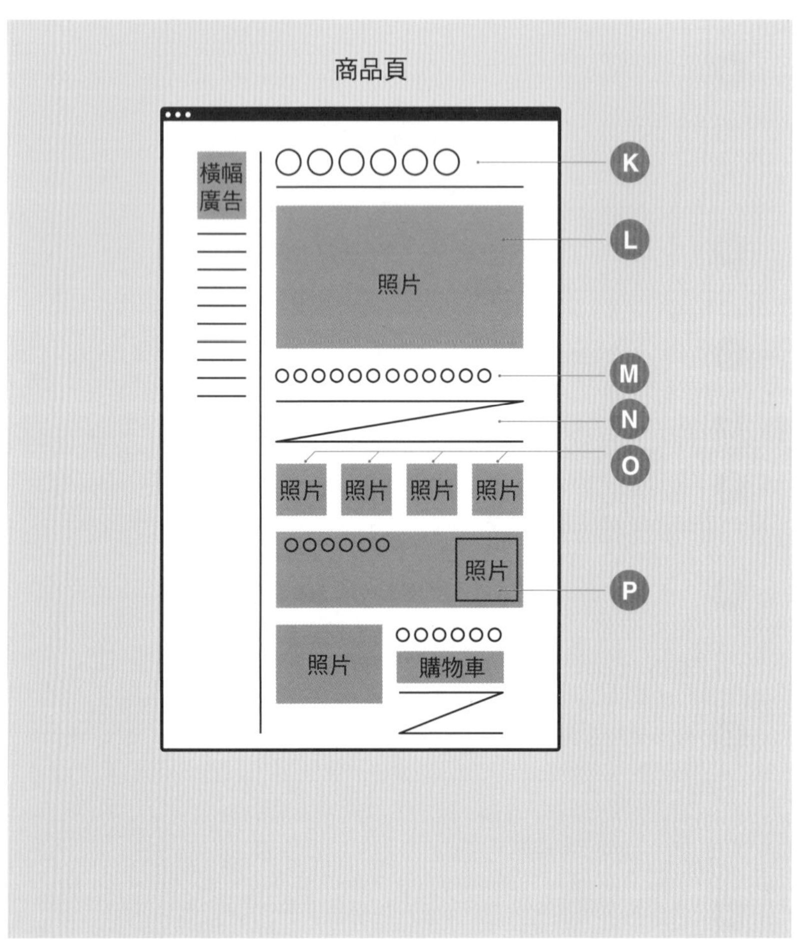
商品頁
橫幅
廣告
○○○○○○
K
照片
L
○○○○○○○○○○○○
M
N
O
照片
照片
照片
照片
○○○○○○
照片
P
照片
○○○○○○
購物車

K 這個位置是消費者進入商品頁後，最先看到的文案。這邊不要放說明商品的文字，而是要放讓人想往下拉、想繼續看下去的文字。舉例來說，「巨大可樂餅起鍋了」不會讓人產生興趣，但如果是「耗費十年研究，我們終於完成了巨大可樂餅」就會讓人產生興趣，想繼續往下看。

L 商品頁的主視覺最好是實際使用該商品的照片。如果是沙發床，比起單張沙發床的照片，有人放鬆躺在沙發床上的照片更容易讓人聯想到購買後的使用畫面，進而下單購買。

M 不同於 K 文案的功能是讓人對商品產生興趣，這裡請放置將商品性能整理成淺顯易懂的一句話。

N 這部分不要放商品的說明文，而是放置引發購買欲、讓人現在就想擁有該商品的文章。

O 盡可能多放一點商品細節的照片。

P 把商品最大的特色獨立出一個欄位，並附上照片與簡潔有力的解說。也可以在這裡放上動畫。

重點在這裡！

38 ～ 41 頁所解說的排版是自家網站的首頁與商品頁的構成。由於這是最基本的排版，必須要視商品進行客製化。最近有很多流量皆來自智慧型手機的網站，所以若你的網路商店只有電腦版網站，也不要做得太過精緻，設計上以淺顯易懂、簡單大方為主流。

在超級巨星的陰影下只能努力了——「傑尼斯」型

別因網路商城賺錢，就讓自家網站「加減做」

傑尼斯事務所旗下有很多知名偶像，例如「SMAP」、「嵐」等，很多都是王牌級的藝人。在日本打開電視，幾乎每天都能看到傑尼斯的藝人。然而，能上電視的藝人其實只是一小部分，絕大多數的傑尼斯藝人都只能在背後伴舞、默默的跑通告。但能養活那麼多沒機會登上螢光幕的年輕藝人，也是因為旗下擁有這樣的王牌偶像，可以從他們身上獲取利益的緣故。

與上述的傑尼斯事務所同樣類型的，正是多店鋪聯營型的網路商店。像這種類型的網路商店，其營業額幾乎都來自樂天市場或 Amazon。因為在網路商城創下驚人的營業額，因此常一不小心就把自家網站當成「副業」來經營。只要一有人力、時間、資金，就會將其投資在能確實賺到錢的網路商城型店鋪，導致自家網站處於放牛吃草的狀態。

這種傑尼斯型的自家網站，多半都是「隨便弄弄」，就像贈品般的存在。若以傑尼斯事務所來比喻，自家網站就像在背後伴舞的小傑尼斯。然而，即使將自己變成王牌藝人的複製品，也不見得就能大紅大紫。那是因為如果大同小異，粉絲還是會流向有名且受歡迎的藝人。

這也可以套用在自家網站與網路商城型店鋪同時營運的型

態。只要在樂天市場架設相同的網站，消費者當然會在樂天市場購買商品，如果價格相同，就更不會在自家網站購買商品。所以，自家網站必須要有一套自己的集客法才行，倘若採取「模仿樂天市場」的方針，就永遠只是贈品般的網站。

只要能表現出個性，營業額很有可能會比現在還多

如果想讓自家網站華麗空降，首先得大幅改變商業模式。舉例來說，假設樂天市場是 B2C（企業對消費者）的商業模式，你當然可以把自家網站變成 B2B（企業對企業），這也是一種方法。想當然耳，要改變商業模式，就得投入更多的時間和心力，但天底下沒有不耗時費力就能賺錢的生意。由於網路商店可以用系統同時管理，經營者常會以為可以同時運用好幾個網站，但其實每個網站的客層與集客手法都不同，除非擬訂完全不同的策略，否則無法提升營業額。

「自家網站就是無法像樂天市場賣得那麼好吧？」

你會這麼想，其實並不是因為自家網站賣得不好，而是樂天市場已經變成有如王牌藝人般的存在，獲利十分驚人，所以讓你不想認真經營自家網站。

然而，網路商店如果能在樂天市場或 Amazon 提升營業額，經營者的商業手腕應該也不差。只要積極經營自家網站，想必能賣得比現在更好。

最近，即使是傑尼斯事務所的藝人，有人取得氣象預報員的證照，也有人成為小說家。為了活下去，傑尼斯藝人開始趨於個性化。同樣的，自家網站也進入了這樣的時代，必須與網路商城型店鋪做出差異化，以個性為賣點。

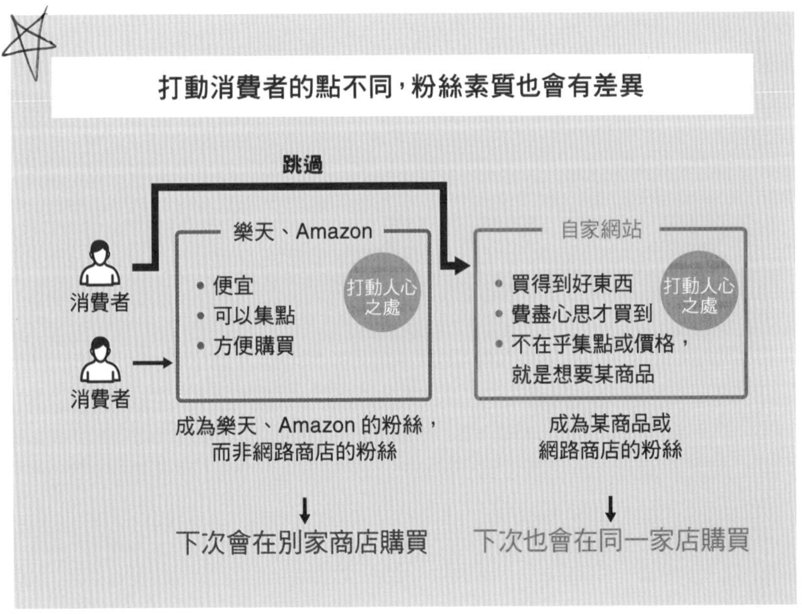

初級篇

從單月營收掛零，迅速達到單月營收 50 萬日圓的速效獨門心法

你或許會覺得：「什麼？單月營收只有 50 萬日圓？！」但以集客力不強的自家網站而言，不如以這個金額為目標比較實際，如此一來，策略便不至於訂得太難，初學者也能輕鬆達成。比起說明知識技術或原理，本篇著重在可簡單實踐的技巧，讓你用最簡單的方法立刻提升營業額。

最簡單的更新：把電話號碼刊登得大一點

問個問題還要打字打半天，小心消費者全跑光

很多網路商店都把電話號碼寫得小小的。不是寫在公司簡介的地方，就是寫在網頁的角落。我猜主要是因為，如果消費者打電話來，還要應對很麻煩，但是這種想法最好改一改。

首先，當消費者想要詢問商品細節時，還得特地寫長長的訊息，這對消費者來說非常麻煩。要把說明商品的用法、功能，或疑難雜症寫成淺顯易懂的文章，其實比想像中還要花時間。況且中老年齡層的消費者，在趕時間的時候不喜歡用智慧型手機打字，如果可以直接打電話、直接用講的表達，對他們而言比較輕鬆。

由此可知，將電話號碼放在網頁各個顯眼的角落，對使用者而言比較方便。例如寫在首頁、購物車的旁邊、頁首或頁腳等處，光是把電話號碼放在看得到的地方，就能避免消費者錯失購買的機會。基本上，樂天市場或 Amazon 都禁止刊登自家公司的電話號碼來接訂單。因此，「可以打電話訂購、洽詢」也可說是自家網站的一大優勢。

覺得「接電話很麻煩」，就別指望業績會成長

「可是人手不夠，還要接電話很麻煩耶。」

我經常從自家網站的經營者口中聽到這句話，但只因為「麻煩」就讓訂單溜走的話，可就本末倒置了。說到底，營業額成長後，還有更多麻煩的事等著你，所以如果在訂單還不多的階段就覺得「接電話很麻煩」，這種商業模式根本別想指望業績會成長。

如同序章所述，自家網站要集客真的非常困難。如果你理解這一點，就知道即使有點麻煩，也要盡可能增加與消費者接觸的機會，才能提升營業額。「在電話裡處理」確實是非常原始，也很麻煩的作業。然而，若這能成為自家網站的賣點，跟其他商店做出差異，那就該積極靠電話來處理問題，而這也會是提升營業額的重要政策。

冷靜想想，若能從智慧型手機增加訂單，將電話號碼刊登在自家網站上，可說是最有效的「手機對策」。雖然是很原始的手法，卻也很容易反映在營業額上，是個能簡單提升營業額的對策，請各位務必實踐。

積極製造來電訂購、洽詢的機會

☑ 首頁的廣告欄位

☑ 購物車按鈕旁

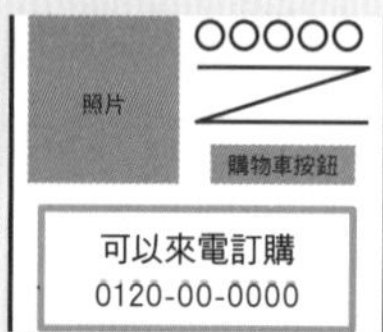

☑「與我們聯絡」附近

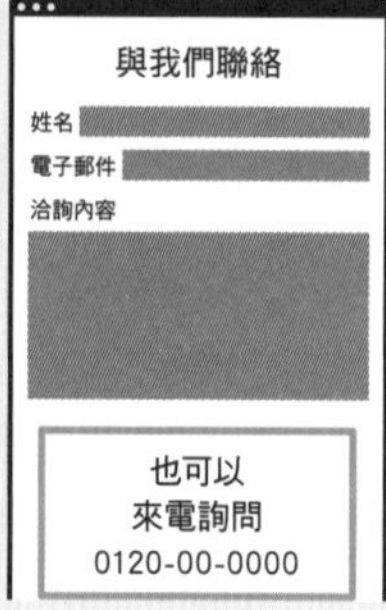

☑ 部落格的結尾

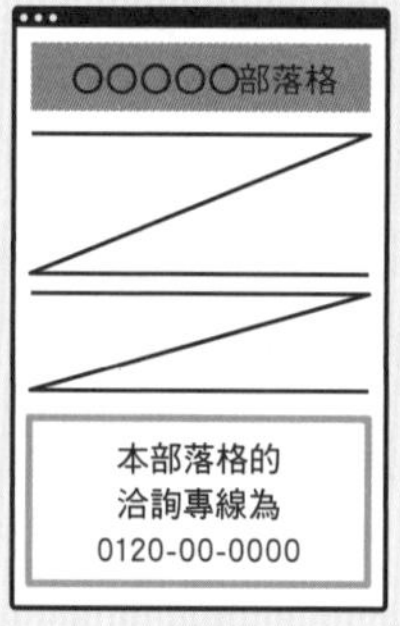

☑ 商品

☑ 包裝

☑ 商品傳單或宣傳手冊

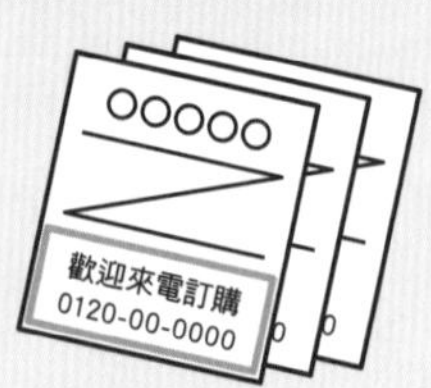

重點在這裡！

在網站上，把電話號碼寫得大一點、顯眼一點是上策；而在手機介面上，考量到會用手機直接打電話，將電話號碼設定成點擊就能撥打的形式也很重要。

另外，在電話號碼旁加上「歡迎來電訂購」、「由女性客服人員細心解說」等文案，消費者也比較容易拿起電話。

釣到大單的消費者是提升營業額的特效藥

企業顧客很容易變成穩定的收入

目前透過網路進貨、大量購買的消費者逐漸增加，也就是並非 B2C，而是 B2B 的交易形式在網路商店上正盛行。只要在網路上搜尋，就能以便宜的價格自行大量購買原本要經由批發商採購的商品，而這可說是進貨管道發生變化的主要原因。

考慮到上述的時空背景，自家網站如何應對商品的出貨，將成為接到大筆訂單的關鍵。樂天市場或 Amazon 給人強烈的 B2C 印象，幾乎不接受大量訂購和批發商，所以對企業來說，早在一開始就將其從 B2B 的交易對象候補名單中刪除。如此一來，自家網站反而容易獲得批發或大量訂購的消費者，成為絕佳的商機。

批發商訂購的量一次都很大，所以對自家網站而言將成為很大的營業額。另外，企業顧客的回購率比想像中還高，負責人通常也會一代傳一代，因此容易成為穩定收入。只要再寄出廣告信、發行電子報，就有很高的機率被看見，所以不妨多花一點心力在針對批發商的行銷活動上。

購入商品以後，營業額成長了多少？

針對批發商的策略一點都不難，只要在首頁顯眼的地方放上「接受批發商下單」、「歡迎大量訂購」的橫幅廣告，製作批發商專用的網頁即可。另外，也可以把批發商或大量訂購的人的感想寫在那一頁，更有助於提升營業額。

只不過，顧客的訴求與 B2C 的銷售手法略有不同，會大量購買商品的人，肯定會在銷售或業務現場使用該商品。換句話說，比起該商品好不好，這種顧客比較在意這個商品能提升多少營業額（利潤）。只要能讓他們理解「購入這項商品的人，營業額都成長了」，就比較容易讓他們想要大量購買。因此，不妨把下一頁這種批發商專用的內容，加到提升自家網站營業額的策略裡。

爭取大量訂單的 B2B 專用頁面

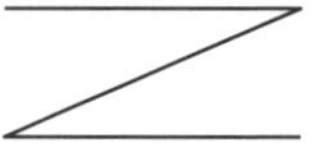

A 為了呈現出積極承接企業客戶訂單的氣氛,請寫得大一點。重點在於氣派。

B 一定要有這四個內容。具體提出折扣率和交貨速度,有助於吸引到更多企業客戶。

C 實際採訪購買商品的客戶,並將公司名稱、本名、大頭照刊登在銷售成果上,可以讓訊息顯得更加真實。另外,與其刊登「商品還不錯」這種不痛不癢的評語,不如徹底宣傳購買該商品後,有什麼明確好處,例如:「購買該商品後,營業額成長了」、「使用該商品後,成本壓低到三分之一」等。

D 「與我們聯絡」的表格要簡單大方。不過,由於 B2B 有很多特殊訂單,用口頭說明比較容易理解。可以的話,最好採取電話訂購的方式。此外,讓消費者索取宣傳手冊或型錄,蒐集有意願的消費者名單,之後再打電話去推銷也是一種方法。

消費者不來的話，就先從寫部落格開始吧

起初請以一篇文章 500 字左右為目標，立志寫到 1500 ～ 2000 字左右

部落格雖然被社群網路壓制住了，但是做為自家網站的集客手法，依舊是很有效的工具。只要在部落格上寫文章增加頁數，就比較容易被搜尋到，可以經由搜尋增加新顧客。而對缺乏集客力的自家網站而言，這種「不花錢就能提升營業額的方法」可說是非常珍貴。另外，部落格也比較容易表現出工作人員的個性，可以當成一種培養粉絲的情報發信工具善加利用。由於這也有助於提升寫作或溝通能力，建議剛開始經營網路商店的人，不妨持之以恆的努力寫部落格。

撰寫部落格的內容時，請盡可能留意關鍵字搜尋。只要在寫的時候一邊思考：「下什麼關鍵字可以查到自己的網站？」就能讓部落格有集客力。至於字數，一篇文章 1500 ～ 2000 字左右最為理想。然而，剛開始寫部落格就要一下子寫那麼多字，將會是很大的壓力。但寫部落格的重點在於持之以恆，所以起初以 500 字左右為目標即可，再一點一點的增加字數就好了。

盡可能全面打出「人」這張牌

至於內容，店裡或工作人員私底下的故事比較容易打動消費者。記得要加上照片，盡量寫些開心的事。部落格上有工作人員的照片，更能讓消費者產生親切感，讓消費者成為粉絲。請盡可能全面性的在文章裡打出「人」這張牌。

經營網路商店時，營業額最終還是取決於「表達能力」。只要能好好表達「這個商品是好東西」，就一定能把商品賣出去。然而，由於網路商店主要由「文章」與「照片」構成，描述商品優點的「文章」要是寫得太差勁，就會害商品賣不出去。從這個角度來說，營業額與文筆息息相關，因此，經營網路商店的人必須一直寫部落格，並提升文筆的水準才行。

重點在這裡！

無論是用自己的網域名稱製作獨一無二的部落格，還是利用 FC2 或 Ameba 的部落格服務，SEO 方面幾乎沒有差別。不過，如果對自家網站的 SEO 效果有所期待，還是用同一個網域名稱製作原創的部落格方為上策。放在部落格分類的關鍵字也會成為搜尋目標，因此最好事先決定要在哪個分類底下寫部落格。建議先以持之以恆為目標，以自己辦得到的更新頻率與字數開始寫部落格。

部落格要怎麼做，才能把消費者變粉絲

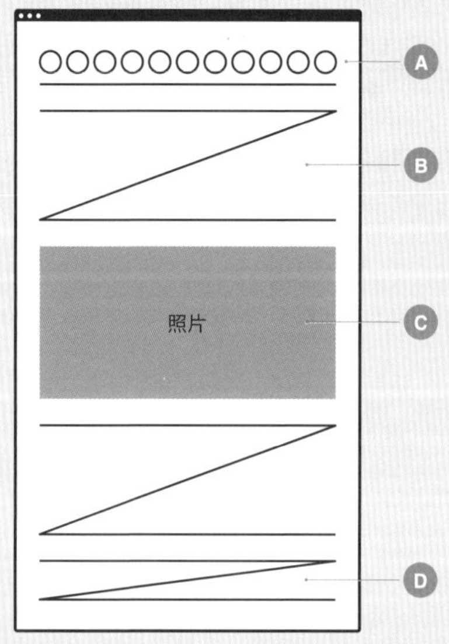

A 請把讓人感興趣的內容，濃縮成簡單的標題。例如：「今天和工作人員在天寒地凍中游泳」、「把巧克力放在湯豆腐上，結果……」像這樣，標題要讓人想要繼續看下去。

相反的，明星部落格常會有「今天好冷」、「肚子好餓」之類的標題，但這會讓人提不起閱讀的興趣，請不要這麼做。標題的目的就在「培養粉絲」與「讓人繼續讀下去」。

B 一開始寫文章，大約 500 字就行了，之後再慢慢增加字數。即使是文章內容，也要極力留意關鍵字搜尋。不過，太專注在關鍵字上的話，又會讓人覺得是垃圾部落格，千萬小心。

文體盡可能以平常說話的方式書寫為宜，盡量不要寫些艱深的解說文。像寫給朋友看的輕鬆文章比較容易培養粉絲。

C 部落格的照片比起品質更重視生活感。愈是信手拈來的生活照，愈能引起消費者的關注。工作人員微笑的照片或消費者露出笑容的照片，能讓整個部落格變得活潑起來。

反之，了無新意的宣傳照或平凡無奇的風景照會讓人失去興趣，最好不要用在部落格上。

D 最後，別忘了要標明網址的 URL 或「與我們聯絡」的電子郵件、電話號碼。

立即見效！
立刻提升營業額的文案術

網路商店必須讓消費者馬上就能理解「這是您需要的商品」。因為網路商店有很多競爭對手，只消點一下滑鼠，就會跑去競爭對手的店鋪。為了避免目標消費者跑掉，網路商店必須加強「文案」，瞬間表達出商品的優點。

重點不是商品說明，而是要讓人產生「想買」的感受

撰寫文案容易犯的錯誤，就是把文章寫成商品說明。以高性能的原子筆為例，文案若是「好寫的原子筆」，就只是在說明商品的功能，讓人不懂為什麼要特地購買該商品。相較之下——

「能提升工作效率的原子筆。」
「書寫的手感與高級鋼筆一樣的原子筆。」

這樣寫的話，比較容易讓人想像具體的優點，更容易對商品產生興趣。由此可見，所謂的文案，並非簡短表達、說明商品特色的文章，而要讓人產生「想買」的感受。

將字數控制在 25 ～ 40 字左右

只不過，若太想讓人產生興趣，通常會加入太多文字，變成冗長的文案。冗長的文案在行銷上不太有效果，所以請盡可能刪減文字，製作出精簡的文案。

此外，字數請控制在 20 字 ×2 行左右。日本的雜誌或書籍多半 15 ～ 20 字左右就會換行，這樣的字數對日本人而言算是閱讀起來最流暢的字數。

改善文字不需要花錢，還能馬上看見效果。這裡有提供給初學者的改善方案，請務必重新審視一下自家網站的文案。

分成以下三塊比較容易寫出「暢銷文案」

	亮點	特色	說明
（例）	喜歡小狗	無添加物	狗食
（例）	構思 3 年	連義大利主廚都大吃一驚	夢幻馬卡龍
（例）	單手也行	套房用	輕型吸塵器

馬上寫出暢銷商品說明文的技術

試著「將心情寫進文章中」

寫文章，要寫的是「心情」。只要表達自己的心情，就能傳達給對方；但是若沒有投入真心，就完全無法傳遞給第三者。人與人之間的交流不能只停留在「言語」，還必須加上心情，否則無法讓別人知道自己的心情或想法。

當各位在撰寫網路商店的商品說明文時，也必須有「希望大家能明白這項商品的優點」、「希望大家都能購買這項商品」這種強烈的意念才行。不需要執著要寫得多好，或是寫得多體面。寫商品說明文時，只要先注意「將心情寫進文章中」即可。

要將賣方的心情貫注於商品說明，可以寫些能讓人想像「購買後」的文字，例如：

「買下這項商品，會變得〇〇喔！」

或是像以下這樣，以第一人稱為主詞，如此一來，自然就會變成富含心意的文章。

「我用了這項商品，真的覺得〇〇。」
「我都把這項商品當成〇〇來用。」

加入「只有賣方才知道的獨家」

反之，若因為是商品說明，就直截了當的寫成「說明文」，行銷的效果將會大打折扣。無論字面上的意思多好懂，若無法產生「想要」的心情，就不會把商品放進購物車裡。「會激發購買欲的文章」，並非那種型錄或宣傳手冊上的制式文章，而是毫不掩飾報告商品感想的文章。

以自家網站為例，消費者會經由 Google 或 Yahoo 等搜尋引擎，尋求更深入的商品資訊。換句話說，消費者是在「想買」和「想知道」這兩種心情的驅使下，連到自家網路商店，所以要讓商品更好賣，自家網站的商品說明就要讓人想深入挖掘。考慮到這些因素，自家網站必須積極在商品說明裡加入只有賣方才知道的內幕。「獨家」內幕愈多，愈容易吸引到自家網站的粉絲。

如何撰寫富含心意的文章

☑ **網路文章的「起承轉合」與一般文章的「起承轉合」不同**

「起」(好划算)　「轉」(還有一項特色)
「承」(獨家內幕)　「合」(要買喔)

☑ **將「口語化的文章」或「我覺得……」這種以自己為主詞的文章，插入上述的「起承轉合」中**

【範例】

「這麼便宜沒問題嗎?」沒錯!1坪的面積共108片，只賣2940日圓真的很便宜，而且品質有保障!採購必須親自飛到產地，直接與廠商交涉，才能談到這麼划算的價格!最大的特色是就連女性也能輕易鋪好，而且用剪刀就能輕鬆裁切，弄髒了也能馬上拆下來換掉，送禮自用兩相宜。防水性高，還可以濕擦、水洗，什麼地方都能用。附近的居家用品店基本上買不到這個價格。在本網路專賣店下單，讓物流輕鬆幫你搬。

「起」(划算)
「承」(獨家內幕)
「轉」(另一項特色)
「合」(要買喔)

盡可能寫下自己的「想法」很重要
寫下在型錄或傳單上看不出來的事

文章寫得長，東西大賣又利於搜尋

真正想購買商品的消費者，就連長篇大論也會仔細閱讀

若是文案，簡潔有力行銷效果較好，但如果是商品說明，長篇大論反而比較容易刺激銷售量。當然不能寫成狗屁不通、又臭又長的文章，但文章字數愈多，讀者的理解就能更深入，購買商品的機率也愈高。此外，純文字的文章一多，可以搜尋的關鍵字也會隨之增加，比較容易被搜尋到。

「我才不想看長篇大論的說明呢！」

或許有人會這麼想，但那是因為這種人並非真的「想買」那項商品。人對於想買的東西或感興趣的商品，就會想知道更多資訊。換句話說，真正想購買商品的消費者就連長篇大論也會仔細閱讀。

文章要從「結論」開始寫

要寫出長篇大論又流暢好讀的文章，祕訣在於在文章開頭就要引起讀者的注意。尤其文章若從「結論」開始寫起，消費者可以邊看邊想像整篇文章的模樣，所以就算是長篇大論，也很有可能閱讀到最後。

相反的，開頭寫得又臭又長的文章，會讓讀者打從一開始就失去興趣，沒兩下就沒心情再讀下去了。光要閱讀網路長文就是一項壓力，如果開頭不能抓住目光，讀者馬上就會跳轉到其他頁面。

也有很多人不擅長寫長文，要克服這點，只能持之以恆的寫文章。根據我的經驗，不管再怎麼不擅長寫文章的人，只要一整年鍥而不捨的寫文章，肯定能將文筆提升到一定的水準。此外，如果再請第三者閱讀，幫忙潤飾文章，更能快速提升文筆的水準，所以請一開始就養成「讓人閱讀文章」的習慣。

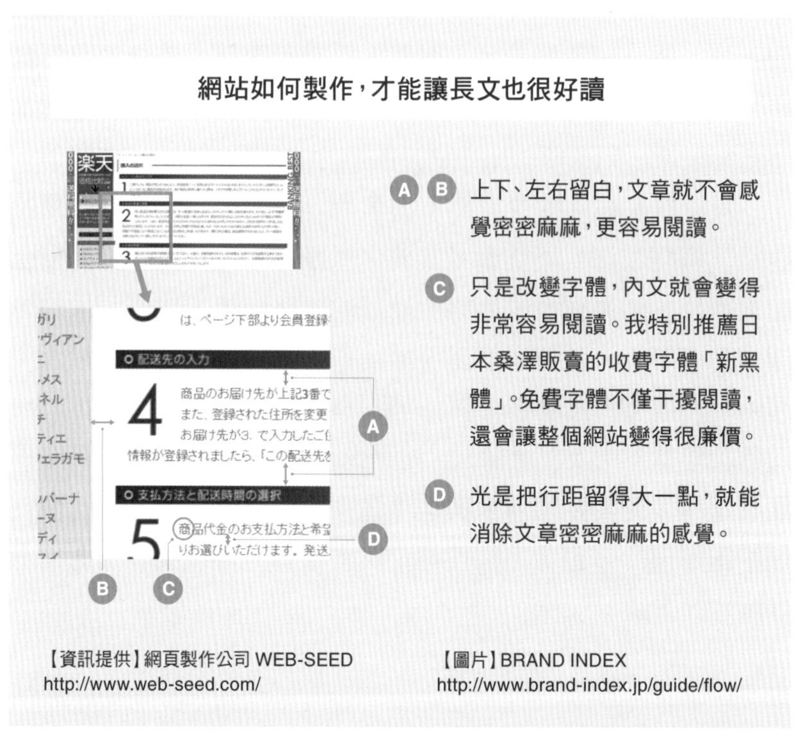

自家網站的成敗，八成取決於照片的品質

重點在於要先對拍照產生興趣

消費者對網路商店的印象，幾乎取決於照片的品質。雖然策略跟商品品質很重要，但即使如此，消費者的第一印象還是取決於照片拍得好不好。照片如果無法激起購買欲，商品當然賣不掉。要是照片髒兮兮，或讓人提不起興趣，消費者絕不會產生「想買」的心情。說得極端一點，就算網路商店的設計水準不怎麼樣，只要能拍出 100 分的照片，那個商品就會暢銷。

假設自家網站的營業額不盡理想，先從提升照片品質開始也是一個好辦法。不妨參考其他生意好的網路商店，試著自己拍攝照片。如果認真去觀察生意好的網路商店，他們照片的構圖或角度等等，就能了解呈現給消費者的用意或暢銷的原因，藉由學習這種「表現手法」，一點一滴提升拍照的品味。另外，這個階段還不用太在意曝光、光圈或白平衡這些技術上的問題。比起這些，先對拍照產生興趣才是重點。這麼一來，你就會更想拍出好照片，也會上網搜尋、買書來看，自然就能學會拍出好照片的方法。

審慎思考是否要委託專業

然而，雖說照片很重要，但是否就該僱用專業攝影師？我認為還是要審慎思考。專業攝影師可以拍出漂亮的照片，但不見得可以站在消費者的角度，拍出那種會讓人「想購買」、充滿生氣的照片。此外，攝影費也不便宜，所以委託專業攝影師可能會壓縮到獲利。所幸拍照的技巧並不是那麼困難，我認為從錯誤中摸索學習，逐漸拍出足以媲美專業人士的照片，才是最適合自家網站的經營模式。

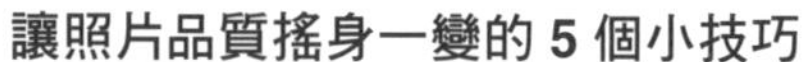

讓照片品質搖身一變的 5 個小技巧

☑ **技巧 1　斜角拍攝商品**

Before

After

從正前方拍攝，會讓人覺得這東西很無聊；以斜角拍攝，則會產生立體感，比較容易讓消費者想像商品的實體。

☑ **技巧 2　從旁邊拍攝商品**

Before

After

從旁邊拍攝商品的時候，背景與商品之間會產生空隙，可以讓商品產生立體感。

☑ 技巧 3　把相機拿斜的拍攝

Before

After

水平的拿著相機拍攝，只會拍出平凡的照片，但是若將相機拿斜的拍攝，就會有充滿張力，意義豐富的照片。

☑ 技巧 4　在背景動點手腳

如果要拍甜點，光是在背景放上一杯咖啡，就能讓消費者感受到宛如下午茶般的高級感。

☑ 技巧 5　拍攝吃下食物的瞬間

拍下吃掉食物的瞬間，食物彷彿隨時要從照片裡跑出來，就會讓消費者也想吃吃看。

重點在這裡！

利用專業的攝影道具來拍攝商品照片，可以拍出品質高出好幾倍的照片。日本水蚤股份有限公司的「國王攝影工具組」體積輕薄短小，架設起來也很簡單。由於需要的東西一應俱全，幾乎不用再另外添購器材，而且購買後，該公司還提供免費諮詢拍照疑問的服務，推薦給不會拍照的網路商店經營者。網頁上也有很多本書中介紹給大家的攝影技巧，不妨連上去看看。

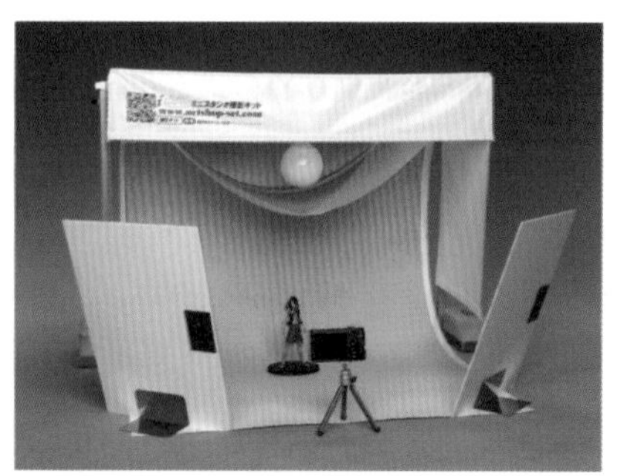

【資訊提供】水蚤股份有限公司「國王攝影工具組」
http://www.netshop-set.com/

只要放上大量照片，就能賣出大量商品

消除消費者對購物的不安，讓人想像使用時的情況

網路購物由於無法接觸到商品，消費者都是懷抱著不安的心情在閱覽網頁。為了消除那種不安的情緒，放上大量的照片是很有效的方法。

舉例來說，如果是馬克杯的照片，不只是杯子本身的照片，還有杯子表面材質、把手部分的照片，杯子內側或設計的特寫等等。如果照片多到讓人覺得「有必要放這麼多照片嗎？」就能消除消費者對網路購物的不安。

此外，只有商品的介紹照片是不夠的，還需要能讓人想像使用情況的畫面。以前面提到的馬克杯照片為例，若將馬克杯放在露天咖啡座的桌子上，或照片的場景讓人聯想到辦公室的休息時間，就能將商品與使用者的想像做連結。如此就能提高購買意願，靠照片讓消費者下單。

放上店鋪外觀、店內、工作人員的大量照片

不妨也在網路商店放上大量商品以外的照片。尤其是自家公司的網站，只要放上店鋪的外觀或店內的照片，就能將對實體店鋪有興趣的人，從網路誘導至實體店鋪，又能讓只在網路

商店消費的人產生安全感。此外，積極把工作人員的照片放在網頁上，還能讓消費者更有真實感。

另外，拍攝工作人員或店長的人物照片時，請盡量多拍一些有笑容的照片。就算勉強也要擠出笑容，不然會讓人覺得網站本身很無聊。因此，請拋開害羞的感覺，努力拍出笑容滿面的照片。

如前所述，只要提升照片的「數量」，網站看起來就會非常熱鬧，不僅消費者停留在網站上的時間會變長，也有助於提升轉換率，成為營業額直線上升的網路商店。

網頁上的照片如何配置，商品才會大賣

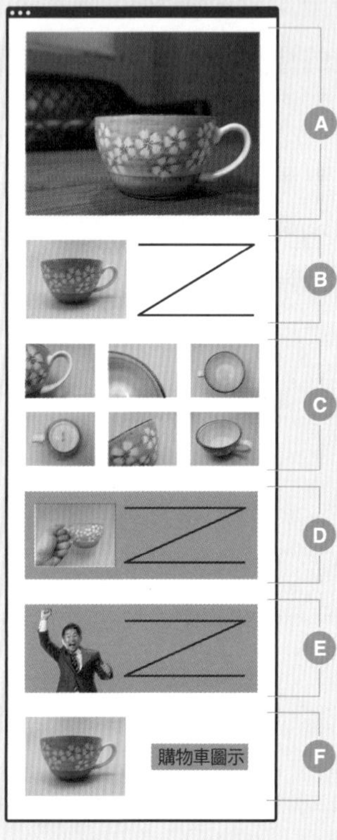

A 激發購買欲的照片
照片要能表達商品的氛圍、整體感覺、使用的樣子等等。這張照片攸關網頁給人的第一印象，所以請選用視覺效果強烈的照片。

↓

B 讓人容易想像商品全貌的照片
放上能讓人產生想像力，又能冷靜對商品做出判斷的正統派照片。照片有層次，就會讓人想繼續看下去。

↓

C 商品細節的照片
細節照片愈多愈好。讓消費者看各種角度的照片，有助於消除消費者的不安。

↓

D 介紹商品用法與特徵的照片
以獨立的單元介紹商品最大的特徵。這部分的照片像是「最後的王牌」，讓人激發購買欲，按下購買鍵。

↓

E 賣家的照片
放上賣方的照片能給人安心的感覺。最好是笑容有點誇張的照片，再寫上個人的感想，更能讓人產生購買的動力。

↓

F 再次確認商品全貌的照片
在購買與否的關頭，不能讓消費者看到無謂的照片或資訊，以免消費者陷入混亂。基本上請重複一張置頂處的正統派照片。

為照片加上「圖說」，就能刺激購買欲

避免消費者天馬行空的自行想像

在看雜誌的時候，一定會在照片底下看到名為「圖說」的小字說明，這些文字會刺激消費者的購買欲。

如前所述，照片是網路商店很重要的溝通工具。然而賣方想透過照片表達的，不見得能完全傳達給買方。舉例來說，賣方放上購物袋外側的口袋照片，是為了強調口袋的「方便性」，但是如果沒有附上圖說，買方就算看到那張照片，可能也只會注意到口袋的「設計」。由此可見，照片如果不加上說明，消費者就會天馬行空的自行想像，有可能會跟賣方的期待有所落差。

將商品的詳細照片放上網站的時候，建議一張一張仔細的寫上圖說。如此一來，圖說就能扮演好輔助的角色，將消費者引導至賣方期待的方向。

記得要寫「照片裡看不出來的事」

在撰寫圖說時要注意一點，那就是「不要寫那些理所當然，看照片就知道的事」。舉例來說，放上紅色錢包的照片，就算在底下說明「這是紅色的錢包」，也無法刺激消費者的購買欲。因為只用文字說明照片中的內容，無法成為購買的助力。為了不要寫出這種毫無意義的圖說，照片旁說明文字記得必須要寫「照片裡看不出來的事」。以上述的紅色錢包為例：

「錢包顏色鮮豔，在皮包裡一下就找到了。」

「藍染的設計也很適合搭配和服。」

加上諸如此類的評語，就能讓形象更具體，更容易在腦海中想像。

請務必記住，這些話雖然只是照片旁的小字，卻能讓消費者的想像力無限馳騁，傳達賣方想表達的重要訊息。

撰寫圖說的祕訣

☑ 例 1

× 白色的把手，既時髦又可愛
○ 把手形狀符合人體工學，非常好拿

☑ 例 2

× 櫻花的花紋非常可愛
○ 專業職人手繪，每一片櫻花花瓣的形狀都不一樣。充滿了手作的感覺

重點在這裡！

在圖說處寫些光看照片就能知道的文字，並不能讓人產生購買動機。看著照片，加上會讓想像力膨脹的文字，讓消費者看出照片的細節，才會成為加強購買動機的助力。

沒有「使用者心得」，生意一定不會好

使用者心得可以給消費者安全感

在網路商店購買商品的時候，應該有很多人會參考「使用者心得」，這表示很多人在購買商品前其實是感到不安的。網路上販賣的商品因為摸不到，消費者心中會充滿不安，因此會先看過購買商品的人有什麼感想，再慎重的在網路商店購買商品。尤其是樂天市場或 Amazon 會以「評價」的方式揭露使用者心得，寫在那上面的商品評價或留言足以左右商品的銷路。

這樣想的話，在自家網站購買商品就更令人不安了。就算在樂天市場或 Amazon 有很多評價，如果在不具知名度的自家網站沒有評價，消費者還是會質疑這家店安全與否。為了讓自家網站能給消費者比樂天市場或 Amazon 更多的安全感，一定要刊登使用者心得。

積極運用試用或折扣，蒐集使用者心得

然而實際上，大部分的自家網站都沒有使用者心得是不爭的事實。就算有心得，也只是一句簡單的短評，或是以姓名縮寫留下的感想，真正能刺激購買欲的使用者心得其實少之又少。

使用者心得要能增進營業額，重點在於要有真實感。在徵

得消費者許可的前提下，最好可以刊登本名，地址也寫到所在縣市比較好。另外，要是有消費者的臉與商品一起入鏡的照片，更能消除買家不安的心情。

只要能積極運用試用或折扣，要蒐集到使用者心得並不是件難事。此外，剛上線的網路商店可能還沒什麼商品銷售的業績，拜託認識的人試用，請對方寫下評價也是一種方法。

蒐集使用者心得的同時，也能增加與消費者交流的機會，有助於培養好顧客。另外，多刊登一點使用者心得，也能增加文章數，有助於被搜尋引擎搜尋到。放上使用者心得的好處相當多，就算有點麻煩，建議也要積極蒐集。

想刊登「使用者心得」，該如何寫詢問信、問卷調查

☑ ①徵求引用「使用者心得」的詢問信

等商品寄到再回收調查問卷的話，就太遲了。因此，最好先讓消費者承諾會回答問卷，再把問卷寄過去。同時，也要在這個階段就告知對方會把使用者心得放在網路上。

【範例】
感謝您購買這項商品。本店現正實施「期間限定試用活動」，我們想蒐集顧客購買商品後的使用感想。只要您願意參加這個企畫，就能享有【免運】優惠，取消原本 760 日圓的運費。
您所提供的商品感想，除了有助於提升今後的商品開發與服務外，還會以「使用者心得」的形式，刊登在敝公司的網路商店與宣傳手冊上。
試用活動的詳情請見以下的連結。本活動為期間限定，敬請及早申請，以免向隅。

☑ ②給消費者的問卷範例

在問卷調查中詢問「購買前」與「購買後」的感想，就可以得知更明確的購買動機。之後不妨再加幾句話，把兩個回答整理成一篇文章。為了慎重起見，不妨事先將之後會修改潤飾文章的可能性告訴消費者。此外，若主動送上合照參考或問卷調查的回答範例，消費者也比較容易回答。

【範例】
非常感謝您參與本次的試用活動。麻煩您回答以下的問題：
問題 1：購買前，您對敝公司的商品有什麼印象？
問題 2：購買後，對敝公司的商品印象有什麼變化嗎？
另外，您的回答將會潤飾修改成易於閱讀的文章，供其他顧客瀏覽，因此請盡情書寫，想到什麼就寫什麼。另外，為了刊登在紙本或網頁上，懇請惠賜照片一張。可以的話，希望是您笑著與商品一起入鏡的照片。隨函附上文章與照片的樣本，敬請參考。

再丟臉也要放上大量工作人員的照片

只有「人」才能表現出與其他商店的不同

把自己的大頭照放在網頁上，會讓人覺得非常害羞。「可以的話，真不希望拋頭露面。」這大概是許多人的真心話。然而，想經營自家網站，非得擺脫這種害羞心態，盡量把大頭照放在網頁上才行。這是因為唯有以賣方的「人」來表現出與其他商店不同，才能強調商品的差異化。

不妨靜下心來想一想，您所經手的商品，只能在您的店裡買到嗎？或許樂天市場和 Amazon 也有在賣，甚至在其他網路商店買還比較便宜，就算是獨家商品，也會有類似的，或是可以取代的商品。也就是說，就算不在您的商店購買也不會有任何問題，畢竟現在是個物質多到滿出來的時代。

由此可知，既然難以呈現商品的差異化，為了表現出與其他競爭對手的不同，就只能強調「賣的人」了。工作人員的豐富知識、堅持講究、有趣程度……如果不能利用上述「人」的魅力來讓消費者愛上商品或商店，消費者很快就會被價格便宜的店搶走。

基於這些理由，不管再怎麼不好意思，店長及工作人員也得積極在網路商店裡露臉，利用「人」來販賣商品。有的人會因為怕丟臉，而把自己的照片登得小小的，但是這麼一來就本末倒置了，反而會讓消費者認為「是不是對商品沒自信」，說是反效果也不為過。請鼓起勇氣，不顧一切的把自己的照片大量放上網路商店吧。

數量、大小、耍帥程度都要達到會讓人覺得「不好意思」的程度

在上傳店長或工作人員的照片時，照片記得要多到會讓自己覺得「不好意思」的程度。而且必須是會讓自己覺得「不好意思」的大小，拍的時候也要耍帥到會讓自己覺得「不好意思」，才能做出有助於增加營業額的網頁。

利用「人」而非「商品」來賣東西，不僅能提升回購率，還能讓網路商店的經營長治久安。「商品」有再多粉絲，一旦出現價格或產品本身更有競爭力的商品，消費者馬上就會變心。然而，倘若是「人」有了粉絲，由於人是獨一無二的存在，粉絲就不容易流失。正因為是只要按一下滑鼠，就能馬上連結到競爭對手的網路商店，才必須更全面性的打出「人」這張王牌，用人塑造出個性十足的網路商店。

自家網站必須在「特色區」作戰才能活下來

自家網站・削價競爭區	樂天、Amazon 區
以跳樓大拍賣來吸引消費者的自家網站 若想以價格一較長短，就會讓消費者立刻聯想到「樂天、Amazon 會不會更便宜？」	**在購物商城開店的網路商店** 便宜、還能集點、又容易購買。只不過，不容易成為該店的粉絲。
自家網站非特色區	**自家網站・特色區**
只是把商品功能與規格刊登在自家網站上的網路商店 如果是獨一無二的商品倒還好。問題是，如果是在其他商店也能買到的量販品或替代品，立刻就會流於削價競爭，導致顧客流失到其他商店。	**全面性的在自家網站打出工作人員或店長特色的網路商店** 「我就是衝著那位店長才買的」、「就是要買那家店的東西」、「我最喜歡那家店的那位工作人員了」。在價格或商品實力以外的地方對消費者提出訴求，容易將顧客變成粉絲。

用實體店鋪或辦公室的照片來宣傳「只有這裡才買得到」

「難以買到的東西」才更想要

網路購物的魅力，就在於可以買到「不容易買到的商品」。住在鄉下的人可以買到只有大都會才有在賣的衣服，住在市中心的人可以買到市區買不到的珍貴蔬菜。透過網路購物這種特殊的方法，可以在時間與距離的限制下，買到不容易買到的商品，其樂無窮。考慮到這一點，只要對在網路商店購買商品的人宣傳可以得到「難以得到的東西」，就更能煽動消費者的購物欲。換句話說，只要能強調販賣地點離這裡很遠、附近都沒有分店，就能加強消費者「想擁有」的心情。

試著將稀有的感覺附加在「距離」而非商品上

為了宣傳商品不容易買到，必須在網路商店強調「地點」。以賣甜點的網路商店為例，只要有製作甜點的器材，就算沒有實體店鋪，也能在網路上開店。但是這麼一來，就無法讓消費者想像「只能在那家店買到」的距離感，想特地上網訂購的欲望就會降低。

為了不讓網路購物的魅力折損，就算規模不大也沒關係，還是要在網路商店介紹實體店鋪。最好能明確的宣傳店開在什麼地方，並積極在網頁上介紹消費者來買東西的模樣和生產情景。藉由宣傳「地點」，讓消費者對「距離」產生想像，從中產生「必須特地上網購買」這種興奮的感覺。

倘若沒有實體店鋪，建議在部落格或臉書公開辦公室的情景，或公司所在地的故事。即使是左鄰右舍平凡無奇的話題，看在外人眼中，還是會覺得很新鮮。如果是不熟悉的城市，更能讓看的人感興趣和產生親近感。

不是利用商品讓人感覺珍貴，而是利用「遙遠」的距離讓人感覺稀有，這可以說是網路購物特有的附加價值。

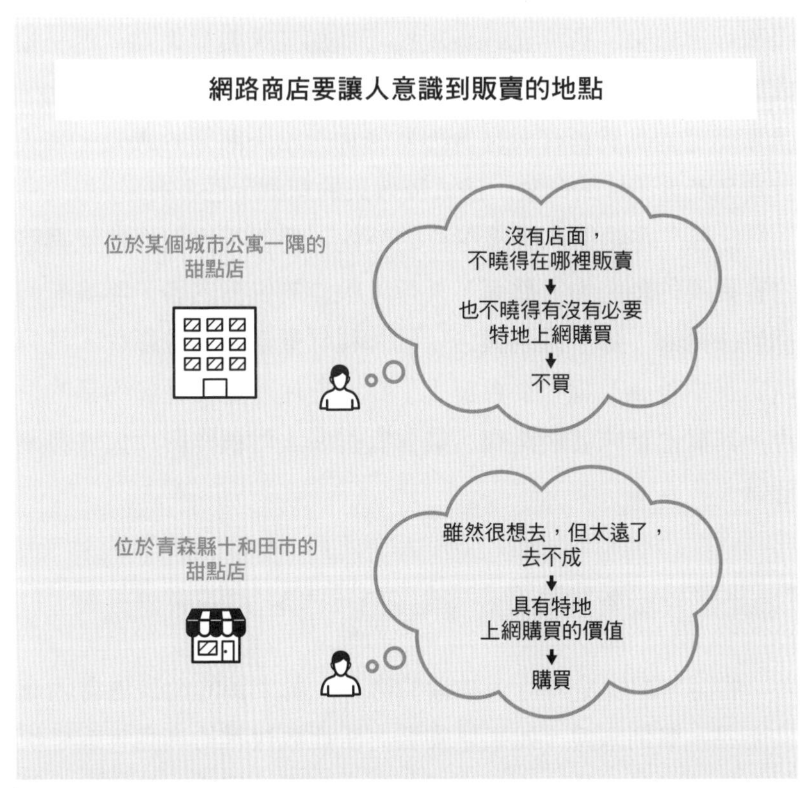

外行人製作影片容易產生「廉價感」

影片也可能會讓人對商品產生不好的印象

影片很容易受到矚目，然而一旦扯上網路購物，就會變得有點棘手。最大的問題莫過於外行人拍的影片品質都很低落。與照片比起來，影片比較難用技巧或加工來模糊焦點，萬一拍成廉價的影片，消費者就會深刻的感受到那股廉價感。因此，就算商品的品質再好，也會因為影片而給人廉價的感覺，讓人對商品產生不好的印象，造成反效果的悲劇所在多有。

此外，在拍攝、剪接影片的時候，需要有比製作其他網路內容更高的創造力。然而，外行人製作的影音內容，無論如何都無法掩飾「鄉下電視廣告」的那種雜亂感。有些影片，就只是店長拿著商品說「要買喔！」到處充斥著這種毫無內涵的影片，其實也意味著網路商店業界有很多人對製作影片欠缺專業意識。

善用高性能單眼相機的攝影功能，控制在一分鐘以內

然而，即使是外行人拍攝的影片，營業額的消長也會因商品而異。舉例來說，如果是安裝方法比較複雜的商品，或是使用方法不容易理解的商品，只要插入簡單的影片，就能提升營

業額。至於回購率比較高的商品或熱門商品，由於消費者已經知道商品的優點了，即使插入水準不夠高的影片，消費者還是會買帳。

製作影片的時候，建議使用高性能的單眼相機的攝影功能來拍攝。別忘了也要好好打光，保持亮度，並將影片的內容控制在一分鐘以內。

在影片的世界裡，目前並沒有一擊必殺的「銷售手法」，有些賣得掉，有些賣不掉，這是目前的現狀。因此，不妨盡量多上傳一些商品的影片，從中掌握住什麼樣的影片能把東西銷出去，再正式製作需要砸錢的影片。

適合智慧型手機或社群網路的影片內容，肯定會逐漸成為今後網路購物的主流。趁早建立起利用影片來賣東西的方法，對網路商店的經營將會有很大的加分作用。

拍攝影片的設備與重點

A 用高性能的單眼相機的攝影功能來拍攝，畫質比較好。而且同時用兩台下去拍的話，可以拍到各種不同的角度，剪接成令人百看不厭的影片。為了防手震，必須要有腳架。

B 如果只有一盞燈，很容易產生影子，所以就算是小型的照明也無妨，最好準備兩盞燈。

C 與人物一起拍攝的影片最好別上專用的麥克風。若利用攝影機內建的麥克風，聲音會悶悶的。

重點在這裡！

如果要拍攝正統的影片，至少要有兩台攝影機、兩盞燈比較好。少了這些設備，好不容易拍出來的影片也會變得很廉價。

還有，如果只是一時心血來潮隨便拍拍，容易變成雜亂無章的影片，所以必須事先製作分鏡圖。請把內容控制在 1 分鐘以內，網路上的廣告影片若超過 1 分鐘，觀眾會感到不耐煩。

由此可知，可以透過影片表達的賣點頂多一～二個就是極限，所以請盡全力濃縮想表達的重點。

此外，片頭是影片的成敗關鍵。所以請盡可能將最初的 10 秒剪接成具有衝擊力的影片。

抓住節慶送禮需求來提高客單價

「小禮物」的市場也有擴大商機

送禮需求有增加的趨勢。母親節、父親節、敬老節、情人節、聖誕節……因應這些送禮需求而產生的行銷活動，可以說是網路商店提高營業額的天賜良機。最近，大家傾向送點小禮物給平常照顧自己的人，這種「小禮物」的市場也有擴大的趨勢。

正統的禮品行銷手法，是在首頁或商品頁等橫幅廣告處，強調有提供包裝或小卡片的服務。此外在盂蘭盆節、歲末年終的時期，最好也強調可以提供和式禮卡。

站在送禮者的角度上，在意的莫過於不知道會包裝成什麼樣子，因此放上包裝後的照片，或者是實際拿在手裡的照片，有助於消費者想像。尤其是禮品這部分，因為很多人都是用照片搜尋，就算包裝紙的價格貴了點，還是建議準備能令人眼睛為之一亮的包裝材料，並積極把照片放在網頁上。

利用預購或宣傳活動，緊緊抓住消費者的心

如果是已經有回頭客的網路商店，為了不讓消費者被其他商店搶走，不妨用預購來抓住消費者的心。

「○月○日前預購的話，享免運費。」

舉辦這種宣傳活動，對好顧客布下天羅地網是個好方法。不過，也有人是趕在活動結束前才衝進來買東西，或是等到期間過去才要買東西。

「還來得及！」
「切勿錯過！」

利用這樣的文案來吸引消費者或許也不錯。

很多人會認為自己家的商品不適合送禮，打從一開始就不參加禮品大戰。然而，禮品是一種不知道什麼會賣的特殊市場，如果不挑戰一下的話，可能就錯失了巨大商機。我也常看到一些商品，只是附上包裝跟小卡片，就賣得嚇嚇叫。請不要不屑一顧的認為這與我無關，務必挑戰一下，說不定能對營業額帶來很大的貢獻。

要以送禮服務提升營業額，需要什麼樣的內容

☑ 可以輸入多筆收件人

有很多人會在盂蘭盆節或歲末年終時，將禮品分送至好幾個地方。不妨事先註明接受用 Excel 或傳真提供顧客名單的服務。

☑ 禮物包裝完成的照片

放上將包裝好的商品拿在手裡的照片，可以讓人想像其大小。如果還有各式各樣的包裝可以挑選就更理想了。

☑ 卡片服務

除了手寫的卡片以外，最近也有店家提供有照片或聲音的電子卡片，在敬老節大受好評。

☑ 迅速應對

有很多人是臨時想送禮，因此需要設定急件的收費。例如周末假日或大型連假的時候。

☑ 驚喜配送

如果是地區深耕型的業務，由工作人員喬裝打扮，直接送貨到府的服務也很有趣。在聖誕節或萬聖節時很受歡迎。

將消費者從網路商店吸引到實體店鋪，提高回購率

實體店鋪比較容易維持住長期的營業額

「**將消費者吸引到實體店鋪**」是樂天市場或 Amazon 辦不到，唯有自家網站才辦得到的事。自家網站大可積極公開店鋪的電話號碼或照片，就算把實體店鋪限定的行銷活動公開在網路商店上也沒有任何問題。能像這樣利用琳琅滿目的行銷手法把商品賣給消費者，也是自家網站的優勢，因此最好善加運用。

在實體店鋪賣東西有很多好處。首先是與消費者的交流非常密集，而不是像網路商店那樣，只是拉拉捲軸、點點滑鼠那種膚淺的關係。藉由「直接見面、交談，看到、摸到商品」的購買流程，將商品資訊植入消費者記憶中的深度將是網路購物的好幾倍。此外，讓消費者移駕至實體店鋪也會成為培養粉絲的一環，有助於擬訂與其他競爭對手的差異化戰略。

由此可知，比起透過網路購物購買商品，讓消費者在實體店鋪購買商品比較容易維持住長期的營業額。

記得附上實體店鋪用的優惠券或贈品兌換券

積極在自家網站上宣傳實體店鋪的存在，也是一種誘導方法。店內外的照片自不待言，還可以放接待客人的照片或生產過程等，從視覺上讓客人想像實體店鋪的存在是很重要的。此外，大大的放上地圖和電話號碼，再加上「歡迎光臨實體店鋪」這種招攬顧客的文案，比較容易吸引消費者上門。

在網路購買的商品中，附上實體店鋪用的優惠券或贈品兌換券也是個好方法。若還附上工作人員親手寫的小卡片，就能讓人對實體店鋪更有親近感。

為消費者拍照亦有助於口碑行銷

假設在網路商店買過東西的消費者來實體店鋪消費，不妨以會讓人覺得有點反應過度的態度來歡迎對方。另外，要是能當場送點小禮物，肯定能把消費者變成忠實的粉絲。

為來實體店鋪的消費者拍照也很有效。畢竟這種消費者本來就是網路重度使用者，如果把照片上傳到臉書或部落格，很有可能再被轉發出去。如此一來，其他看到照片的消費者也會想去實體店鋪一探究竟，就能創造集客的相乘效果。

倘若沒有實體店鋪，可以改成鼓勵消費者直接來公司購買商品，或參加活動、商品展。比起在網路商店購買商品，直接見到工作人員的消費行為也是將消費者變成粉絲的好機會，請積極將消費者誘導至現實世界裡。

實體店鋪比網路商店更能與消費者建立「深厚」關係

購買商品的流程

實體店鋪		網路商店	
調查商店的地址 → 刻意空下時間 → 親自前往店面	這段期間一直在思考這家店的事，所以已經深植於記憶中。	搜尋 → 找到網站	
觀察店內 → 實際接觸商品 → 與工作人員交談	店與商品同時深植於記憶中。	捲動畫面與點擊滑鼠來尋找商品 → 點擊滑鼠，放進購物車 → 購買	在這個階段已經對商店失去興趣了。
購買 → 自己帶回家	購買後會抱著「有重量」的商品回家，因此很容易對商品產生感情。	商品宅配到家	已經對商店或商品失去興趣。

重點在這裡！

在實體店鋪，每個階段的購物流程都會有深刻的經驗，很容易讓客人變成粉絲。因此，比起在沒什麼接觸頻率的網路商店買東西，讓消費者覺得有點麻煩、費點工夫才能買到商品，可以說是培養回頭客的策略之一。說得極端一點，就算免費贈送網路商店的消費者 1000 日圓的實體店鋪優惠券，也可以當成是獲得好顧客的成本，加以吸收。

傳單或型錄是重要的集客工具

製造讓消費者「特地」連上網路商店的動機

消費者在看到促銷傳單或型錄後，願意連上來看網頁的可能性一點都不高。「網路→網路」、「平面媒體→平面媒體」固然可以誘導得順理成章，可是一旦要跨過媒體的性質誘導，例如「網路→平面媒體」、「平面媒體→網路」，消費者會一下子感到莫名的壓力，動作也變得遲緩起來。因此，如果要把消費者從平面媒體誘導到網路上，就必須採取徹底的行銷策略，使出渾身解數進行誘導大作戰。

為了將消費者誘導到另一種媒體，必須讓消費者徹底明白「網路商店有更優惠的資訊」。只是放上網址，不足以構成特地來網路商店一探究竟的理由，消費者不會因此連上網頁。然而，只要能製造出「特地跑一趟」的價值，消費者就會紆尊降貴的光臨網路商店。舉例來說：

「網路商店現正提供特別優惠券」

「網路商店現正展示、販賣上千種商品」

像這樣，加上能讓人感覺到優惠或划算的文案，消費者就會比較願意移動到另一種媒體。

用社群網路散發不上不下的訊息會造成反效果

「特地」克服麻煩而來的消費者，通常都比較容易成為好顧客。不要輕言放棄，不要一口咬定「平面媒體的消費者只看平面媒體」，而要認知到未來經營自家網站需要的是「將消費者從所有媒體誘導過來」這種全通路的想法。

此外，最近由於社群網路普及，經常可以看到在推特、臉書或 LINE 上昭告天下的行銷手法。然而，那些絕大部分都是不上不下的內容，在社群網路上看到反而會讓人感覺不太愉快。如果要昭告天下，不把訊息設計得有趣一點的話，可能會對集客造成反效果。因為消費者是「特地」來看這些訊息，所以必須持續利用社群網路發布值得消費者「特地」過來看的訊息才行。

5 種會讓人忍不住連上網頁來看的有效文案

- ☑ **「官方網站現正提供可以在實體店鋪使用的 500 日圓優惠券。」**
- ☑ **「網路商店展示上萬種商品。」**
- ☑ **「網路商店有消費者使用實況的影片。」**
- ☑ **「這款限定色只能在本公司的網路商店買到。」**
- ☑ **「網站上有店長長期撰寫的網誌。」**

隨商品附上的促銷傳單，讓營業額不斷成長的祕密

要利用隨函宣傳品提高訴求力道，非常困難

「與商品一起附上傳單，希望能打動消費者，藉此提高回購率。」

經常有經營網路商店的人會來問我這個問題。然而，要利用隨函附上的東西提高訴求力道是一件非常困難的事。如前所述，「平面媒體→網路」的移動會對消費者造成超乎想像的巨大壓力，因此這種行銷手法比較得不到理想中的反應。此外，如果是網購，由於情緒在訂購商品的時候已經來到最高點，收到商品時，情緒已然冷卻也是主要原因之一。就算看到隨函附上的宣傳品也不會再感到興奮，因此就算宣傳品加入強力訴求也無法打動消費者的心。然而，這依舊是與消費者接觸的機會，所以不加強訴求的話，很可能會錯失寶貴的機會。

從包裝到隨函附上的宣傳手冊，全都要經過設計，讓人產生興趣

為了讓人對收到的商品包裝產生興趣，首先要對包裝的材料下工夫。比起用平凡無奇的紙箱寄送商品，改用有可愛設計的包裝材質寄送，有助於再度提升消費者已經冷卻的情緒。另

外，用可愛的紙來印製感謝函或交貨清單亦不失為一個好辦法。隨函附上的商品簡介別只是用普通的宣傳手冊充當，可以選用特別的紙材，或有特色的設計，藉此在消費者的記憶裡留下深刻的印象。

不妨也對隨函附上的優惠券或折扣券多下點工夫。如果用稍微厚一點的豪華用紙來印優惠券，就能讓消費者覺得自己收到了貴重的東西。此外，為了讓消費者了解商品或商店的相關資訊，在宣傳手冊中不妨插入大量漫畫或插圖，或是贈送原創商品當作禮物，運用策略徹底提升形象，來緊緊抓住收到商品的消費者的心。

不是光靠贈品來讓消費者成為粉絲，而是從包裝到隨函附上的宣傳手冊都要進行整體性的規畫，讓消費者覺得自己買到了好東西，才會對商店或商品產生向心力。

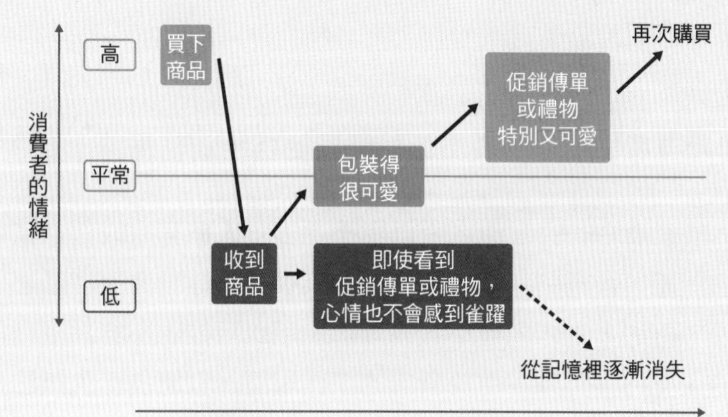
從買下商品到再次購買，消費者的心理變化與隨函附贈品的關聯性
消費者的情緒
高
平常
低
買下商品
收到商品
包裝得很可愛
促銷傳單或禮物特別又可愛
再次購買
即使看到促銷傳單或禮物，心情也不會感到雀躍
從記憶裡逐漸消失
時間軸

為了保持士氣，要與同行交朋友

比起自家網站，樂天市場的網路商店比較能維持士氣？

自家網站的營業額之所以衝不上去，大概有八成都是精神上的問題。像網路商店這種小型商業模式，經營者很容易陷入孤獨，再加上工作內容不容易理解，所以可能也不容易得到周圍的人支持。另外，由於所處的工作環境，就連自己也無法判斷有沒有在工作，隨時都能偷懶，這點也很傷腦筋。因為沒有人在一旁監視，要持續維持住士氣是非常困難的一件事。

關於這點，樂天市場的網路商店會定期舉辦讀書會或研討會，這樣的環境算是比較容易維持工作士氣。此外，負責各店鋪的諮詢人員也會定期打電話來關心，透過交流，比較不會感到孤獨，是其優點。從這個角度來看，若說樂天市場的網路商店環境比自家網站更適合工作也不為過。

不只是「朋友」，製造「競爭對手」也很重要

自家網站的經營幾乎是以不花錢的集客策略為主，因此真的都是一再重複不起眼的作業。很遺憾的，自家網站的經營並沒有搶眼又有趣的工作。為了在這種辛苦的環境下持續工作，必須結交可以一起分享喜怒哀樂的「夥伴」。

為了認識同樣經營自家網站的人，建議參加研討會或讀書會。有些提供刷卡服務給自家網站的公司會定期舉辦讀書會或研討會，有的還會在聚會後召開聯歡會。向經驗老到的網路商店經營者討教一番，通常都能學到最新的資訊或行銷方法。

另外，在上述這種聚會的場合中，多交些可以分享苦樂的朋友固然重要，但是結識會讓人燃起「不能輸給那家網路商店」這種競爭心理的人也很重要。像這樣製造出網路商店的競爭對手，刺激自己，對於較封閉的自家網站絕對有其必要。

如何認識自家網站的經營者

- ☑ **參加刷卡服務提供公司所舉辦的讀書會或研討會，再出席後面的聯歡會，交換情報。**
- ☑ **追蹤業績亮眼的網路商店經營者的臉書或推特，如果有讀書會或研討會的情報就去參加。**
- ☑ **參加由商會或工會所主辦的網路商店讀書會。**
- ☑ **訂閱網路商店經營顧問的部落格或電子報，購買他們寫的書，密切追蹤想法相似，或有方法可循的經營顧問。**

焦點放在女性消費者賣得更好

男性市場有一道無論如何也無法跨越的「性別高牆」

最近夫婦一起工作的雙薪家庭增加了，女性的購買決定權也隨之擴張。另一方面，男性的消費喜好也逐漸女性化。由此可知，最近的消費趨勢是即使是賣給男性的商品，設計的時候也要想到女性，方能成為受消費者喜愛的網路商店。

如欲打造成聚焦在女性消費者身上的網路商店，大膽的把設計師或網頁美工換成女性是一種好方法。由男性設計的網站，無論如何都會有一道無法跨越的性別「高牆」。舉例來說，像是使用的字型或照片，或許做的人乍看之下看不出來，但消費者一看多半就會感覺到「這是男生做的」、「這是女生做的」。因此，比起讓男性工作人員勉為其難的做出投女性所好的網站，還不如由女性工作人員製作，更能迅速做出聚焦在女性消費者身上的網站。

女性化並非「可愛」，而是「細膩」

很多人都以為「女性化的設計」就等於「圓潤可愛」，但是請牢牢記住，絕不是這個意思。統一橫幅廣告上下左右的位置，或是統一字體的字型或大小，將網站設計得「漂亮」一點，才能受到女性消費者的喜愛。也就是說，比起把網站「做得可愛」，在設計上「做得細膩」更容易為女性消費者接受。

至於商品照片或插圖，以女性為模特兒比較容易營造出親切感。店長及工作人員最好也都是女性。

像這樣藉由把焦點放在「女性」身上，消費者收到訊息的反應也會大幅度改變。只要能巧妙的掌握住這一點，就能架設出生意好的網路商店。

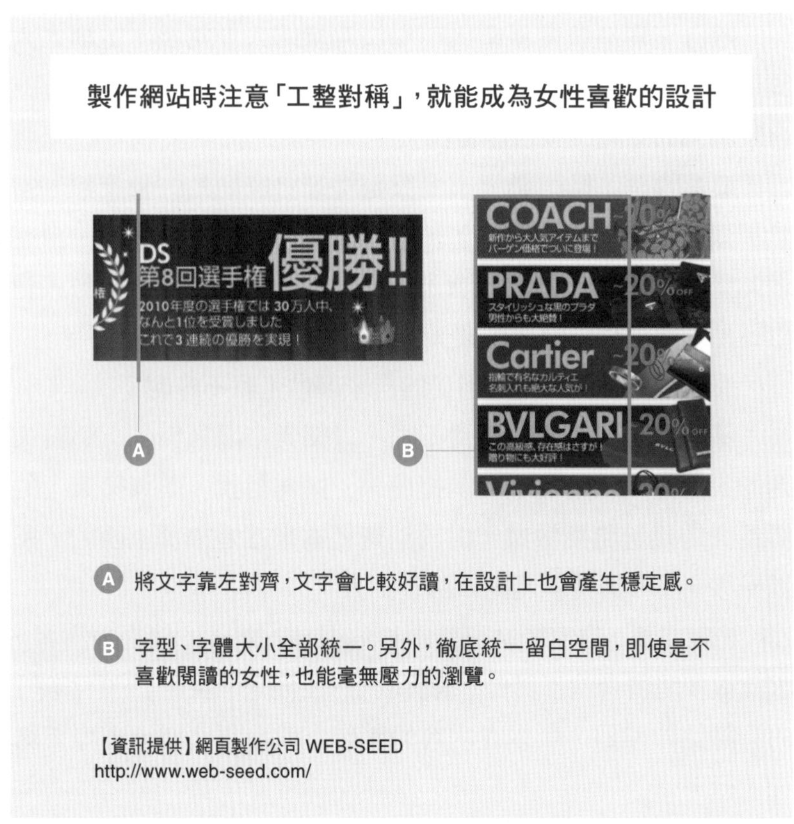

製作網站時注意「工整對稱」，就能成為女性喜歡的設計

A 將文字靠左對齊，文字會比較好讀，在設計上也會產生穩定感。

B 字型、字體大小全部統一。另外，徹底統一留白空間，即使是不喜歡閱讀的女性，也能毫無壓力的瀏覽。

【資訊提供】網頁製作公司 WEB-SEED
http://www.web-seed.com/

想提升營業額，現在就馬上停止模仿樂天市場

樂天市場與自家網站的消費者性質不同

把自家網站做得跟樂天市場沒兩樣的人非常多。這種人大概覺得，既然樂天市場能把東西賣出去，只要設計得大同小異，自家網站的商品應該也能賣出去。

遺憾的是，模仿樂天市場很難提升自家網站的營業額。當然，只要在樂天市場買廣告，提升商品或店鋪的知名度，自家網站通常也能等比例開始賣出商品。然而，即使以這種方式賣出商品，頂多也只能賣到樂天市場的十分之一就是極限了。

那麼，為何模仿樂天市場的自家網站生意不好呢？

那是因為消費者的性質不同。以樂天市場為例，上網買東西的人都是以「購買」為前提而來。換句話說，就算樂天上的網路商店只是隨便做做，由於消費者本來就是來買東西的，所以光靠商品的力量就能把東西賣出去。

相較之下，自家網站是經由Google或Yahoo的搜尋來集客，因此很多消費者並不具備「購買欲」，反而是「調查」、「了解」的意識比較強烈，所以在內容的製作上就必須比樂天市場更講究才行。

研擬搜尋引擎對策，自家網站才能集客

自家網站必須研擬出 Google 等搜尋引擎的對策才能集客，因此網站內的結構也必須重視搜尋引擎才行。儘管如此，有些人卻把網站做成跟不重視搜尋引擎的樂天市場一樣，結果網站沒有集客力，自然無法提升營業額。

由此可知，即使製作出與樂天市場一模一樣的自家網站，依舊無法提升營業額。必須把電話號碼登得大一點，增加內容、強化搜尋引擎對策，設計出獨一無二的網路商店。

如同以玩票性質經營樂天市場的人無法勝過認真經營樂天市場的人，以玩票性質經營自家網站的人也很難勝過認真經營自家網站的人。如果想提升自家網站的營業額，就不要模仿樂天市場的網路商店，而是要建立屬於自家網站的獨特銷售手法，真心想要成為贏家才行。

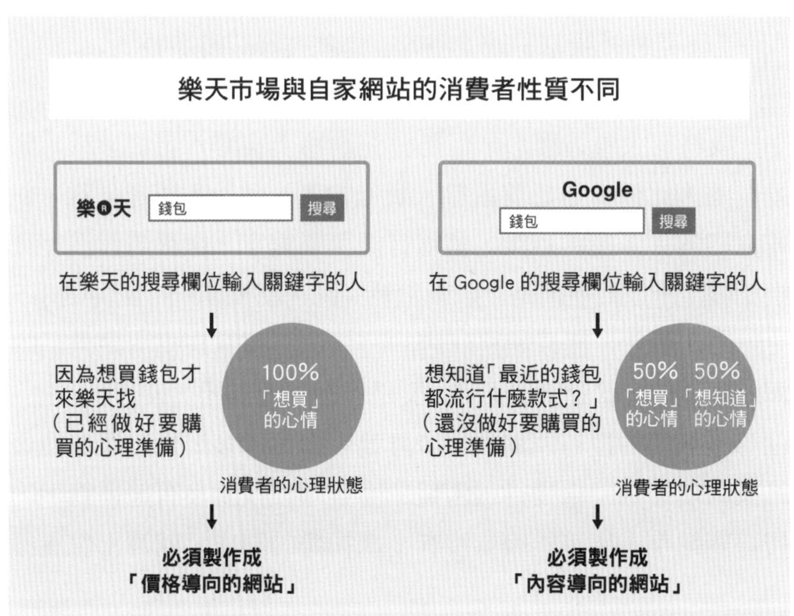

「搜尋關鍵字」讓自家網站的營業額截然不同

搜尋關鍵字若不能讓人下單購物則毫無意義

為了將消費者吸引至自家網站，必須透過 Google 或 Yahoo 的搜尋引擎來集客。而所謂的「透過搜尋引擎集客」，就必須先讓消費者在搜尋欄位輸入某個關鍵字才行。因此，商品會依「搜尋關鍵字」，分成在網路上賣得好的商品與賣不好的商品。

舉例來說，甜點就是一種在自家網站上不好賣的商品，因為搜尋關鍵字不明確。

「不是有『蛋糕』或『餅乾』這些搜尋關鍵字嗎？」

或許有人會這麼想，但是會在網路上搜尋「蛋糕」或「餅乾」的人比較少是想買蛋糕、餅乾的人，而是想搜尋蛋糕、餅乾食譜的人。換句話說，儘管有搜尋關鍵字，卻跟購買沒有直接相關，所以要在網路上販賣這種商品，就變成一件困難的事。

由此可知，經營網路商店的時候，必須徹底搞清楚自己的網站會被什麼關鍵字檢索到，又是什麼關鍵字能把東西賣出去。就算是熱門的搜尋關鍵字，一旦競爭對手過多，要出現在搜尋結果的前幾名就會變得很困難。而且即便找到沒有競爭對手的搜尋關鍵字，也可能因為沒有上網搜尋的需求，就算出現在搜尋結果的前幾名，也不會因此提升營業額。

有人花上兩個月的時間，只為找出一個會暢銷的關鍵字

只要能找到這個關鍵字，可以說你的網路商店經營策略已經完成了八成。比方說前面提到的甜點，要讓人以甜點名稱搜尋，或許太過困難，但只要讓店鋪本身變得有名，讓人改以店鋪名稱搜尋，就能把消費者吸引過來。為了達成這個目標，致力於宣傳實體店鋪會比較有效率，把重點放在有助於口碑行銷的社群網路策略，可以說是最有效的方法。

聽說有些頂級的網路商店經營者，為了找出一個會暢銷的搜尋關鍵字，不惜花上兩個月的時間仔細尋找。可見搜尋關鍵字的選擇將成為經營網路商店的「核心」。

重點在這裡！

關鍵字尋找大戰也變得愈來愈白熱化了。要靠一個關鍵字就排在搜尋結果的前幾名是很困難的，還是以兩個關鍵字以上的複合關鍵字讓自己出現在搜尋結果的前幾名才是主流。除此之外，在樂天市場的搜尋欄位輸入關鍵字時，會出現「候補關鍵字（搜尋建議）」，利用這點來找出複合關鍵字也是一種方法。但這只不過是關鍵字的「參考」，重點在於接下來要如何靠自己的力量找出獨一無二的「王牌關鍵字」。

如何找出會暢銷的搜尋關鍵字

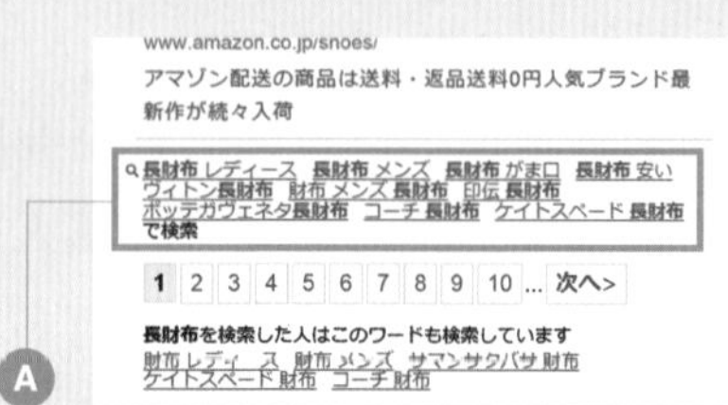

Ⓐ 檢查會出現在 Yahoo 或 Google 搜尋結果的複合關鍵字。上圖是搜尋「長夾」時會出現的複合關鍵字。從搜尋關鍵字來觀察，可以得知果然有很多顧客是以品牌名稱來搜尋。只要能有特殊的長夾品牌名稱，或許就有商機。

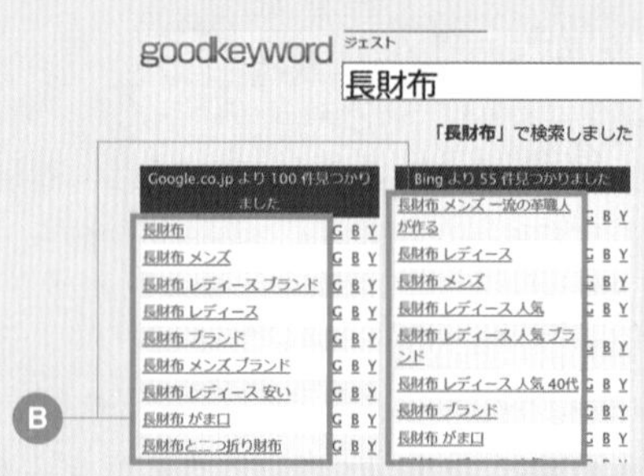

Ⓑ 也可以在「Good Keyword」（http://goodkeyword.net/）的網站上查到複合關鍵字。

了解搜尋引擎扮演的「角色」，就能靠 SEO 輕鬆拿第一

不想輸給其他競爭者，增加網站情報量最有效

聽到 SEO（搜尋引擎最佳化），我想有很多人都會覺得「哇！好難！」而打退堂鼓。但只要試著冷靜分析搜尋引擎的「角色」，就能明白這項技巧其實沒那麼困難。

Google 的搜尋引擎扮演的「角色」是針對使用者查詢的搜尋關鍵字，由上而下依序提供正確的資訊。以搜尋「折疊式腳踏車」為例，Google 扮演的「角色」是把關於「折疊式腳踏車」中最詳盡、最有用的網頁顯示在最前面。換句話說，只要能製作出在折疊式腳踏車這方面最有幫助的網頁，就會出現在搜尋結果的前幾名。

要讓情報助你一臂之力，重點在於情報量要多。例如折疊式腳踏車的歷史、折疊式腳踏車的功能等等，只要能架設充滿折疊式腳踏車情報的網站，在搜尋「折疊式腳踏車」時就很容易顯示在搜尋結果的前面。考慮到搜尋結果會依上述情報量和詳盡程度多寡排列，為了不輸給其他競爭對手，增加網站的情報量將成為最有效的 SEO。

以「商品名稱」+「功能」，搶攻搜尋結果的前幾名

然而，最近就連樂天市場及 Amazon 也開始強化 SEO，要靠一個商品名稱就出現在搜尋結果前幾名變得愈來愈困難。這時，請不要勉強自己去對抗樂天市場或 Amazon，而是刻意避開搶攻搜尋結果前幾名的關鍵字方為上策。舉例來說，如果要以「吸塵器」搶攻搜尋結果前幾名，絕對比不上樂天市場及 Amazon，因此——

「吸塵器　造形可愛」
「吸塵器　聲音安靜」

最好像這樣與表示功能或性能的關鍵字組合起來，以搶攻搜尋結果前幾名。

另外，SEO 還有其他問題，例如要試試看才會知道，或者就算出現在搜尋結果的前幾名，也不見得能賣出去。要把這個問題也考慮進去，建議可以用好幾個搜尋關鍵字來搶攻搜尋結果的前幾名，而不是利用單一的搜尋關鍵字。

除此之外，可利用免費部落格製作軟體「WordPress」來架設網站，這個軟體容易更新資訊，也易於進行分類，因此善用其功能來實施 SEO 也是好方法。

只不過，若持續探究 SEO，就會發現這部分的技術沒完沒了。如果你覺得自己沒辦法做 SEO，早點知難而退也未嘗不可。比起做 SEO，提升店鋪、商品的知名度，或是利用社群網路的力量，更能吸引到優質的消費者。試著摸索出 SEO 以外的集客方法並同時進行也很重要。

把商品、店鋪名稱當成搜尋關鍵字的 5 個策略

☑ **利用新聞稿，讓商品、店鋪名稱出現在主流媒體上**

讓商品、店鋪名稱出現在電視或報紙的新聞報導，便於搜尋。

☑ **利用社群網路，把訊息傳播出去**

用臉書或推特發出特別的資訊，以增加搜尋人數。

☑ **舉辦活動培養粉絲，在真實世界將訊息擴散開來**

在實體店鋪舉辦有趣的活動，透過參加者對朋友口耳相傳，有助於促使第三者搜尋。

☑ **利用廣告信或促銷傳單，讓消費者搜尋**

利用平面媒體宣傳網路上的促銷企畫，促使消費者搜尋網頁或網路商店。

☑ **取個獨特的商品名稱引人注目，促使消費者搜尋**

取個特殊的商品名稱，消費者經過店面時便會留意，有助於讓人想要搜尋。

只要能做出讓人沒有壓力的手機網站就會大賣

聽說如今已有超過 50% 的消費者是從智慧型手機進入網路商店的，這已經超過從電腦連過去的網路使用者，所以未來網路商店經營者在架設網站的時候，一定要將智慧型手機的網路使用者納入考量才行。

然而，就自家網站的網路商店來說，就算盡力改善手機網站，也未必能讓營業額急遽提升。比起網站結構或內容，自家網站要賺錢，主要還是靠商品實力與商品知名度，光是手機網站做得非常好，並不足以讓消費者掃貨。

想當然耳，精心製作手機專用的網站，對於智慧型手機的網路使用者而言好處多多，網頁好閱覽，買東西又方便。然而，要量身打造出一個好的手機網站，需要花費相當多的時間與精力，有這種時間的話，不如花在 SEO 或加強網站內容，還比較容易提升營業額。

以下為大家介紹在改善手機網站時，最基本要採取的 3 個策略，其中也包含提供給初學者的技巧。

①一按即撥的電話號碼設計

畢竟是由智慧型手機連上線，只要能讓消費者直接打電話進來，就能抓住機會。不妨在電話號碼刊登處底下加上：

「點擊此處，自動撥打電話」

「來電洽詢、訂購，比來信詢問更快喔」

諸如此類的文案，也可以說是針對智慧型手機版面，要提升營業額的策略之一。

②將「聯絡我們」的表單做得大一點

表單太小，會讓人覺得要聯絡很麻煩，可能因此錯失巨大的商機。欄位、按鈕太小的話，對使用者來說，輸入就會是很大的負擔，因此不妨減少輸入項目，把輸入表單做得大一點，提高與消費者接觸的機會。

③將橫幅廣告或按鈕做得大一點

智慧型手機多半都是用一隻手操作，手指可以移動的區域沒那麼大。萬一橫幅廣告或按鈕做得太小，就有可能會按錯，操作上也會讓人感覺很麻煩，這時就會降低消費者的購物動力。就算用電腦看的時候會覺得網頁有點醜，還是要把按鈕或橫幅廣告做得大一點。

考慮到智慧型手機的使用者與日俱增，建議網站做好時，一定要用智慧型手機檢查一下網頁。或許以智慧型手機網站為「主」，將電腦網站當作「輔」，才是未來網路商店的優質經營策略。

用複合關鍵字來進行 SEO 是手機網站的強項

用智慧型手機搜尋的時候，候補關鍵字會馬上顯示出來，因此利用複合關鍵字連上網站的例子比電腦還要多。與其靠一個關鍵字就想顯示在搜尋結果前幾名，利用複合關鍵字來搶攻搜尋結果的前幾名，還比較容易獲得智慧型手機的客源。

把商品賣給親朋好友，象徵著決心

身邊的人比較容易成為粉絲，也比較願意說出嚴格的批評

在經營自家網站的網路商店時，想必有很多「賣不出去」的辛酸血淚。樂天市場與 Amazon 因為有集客力，就算放著不管，多多少少也賣得出去，但是自家網站若不努力經營，就真的馬上會被逼入「賣不出去」的窘境。

怎麼都賣不出去的話，不妨先向認識的人或親朋好友低頭，請他們先購買。縱然很丟臉、難以啟齒，但請認識的人購買會產生各式各樣的相乘效果。

首先，把商品賣給熟識的人有項優點，就是跟賣給不認識的人相比，他們更容易成為粉絲。其次，對方無條件的站在自己這邊，所以會透過口耳相傳的方式讓更多消費者知道。甚至於，如果你們的交情深厚，能夠吐露真話，這樣的人不同於一般消費者，有時願意對網路商店的經營提出犀利的意見。

由此可知，向認識的人或親朋好友低頭，請他們購買商品，除了可以確定東西一定會「賣出去」以外，也能成為提升營業額的契機。一旦開始請身邊的人購買，從而提升營業額之後，還能增加對賣東西的自信，進而提升經營網路商店的幹勁。

就連親朋好友都不賞臉的商品，更不可能讓外人變成粉絲

相反的，萬一即使向親朋好友低頭，對方也不願意購買商品，表示其中肯定出了相當大的問題。就連認識的人都不肯購買的商品，素昧平生的陌生人更不可能會買。簡而言之，就連親朋好友都不賞臉的商品，當然也不可能讓外人變成粉絲。所以如果你想要衡量自己的經營能力與商品力，建議你先試著把商品賣給身邊的人。

將商品賣給親朋好友，雖然是創造營業額最簡便的方法，但也象徵著你身為經營者，那種「不擇手段也要創造營業額」的企圖心。如果你認為「把商品賣給認識的人實在太丟臉了」，就表示你對網路商店的經營，還沒有「付出一切在所不惜」的決心。為了幫助自己下定決心，在自家網站開張後，請務必舉行將商品賣給親朋好友的行銷活動。藉此讓自己產生危機意識，期待盡快擺脫求身邊的人贊助營業額這種狀態，讓自己更努力經營網路商店。

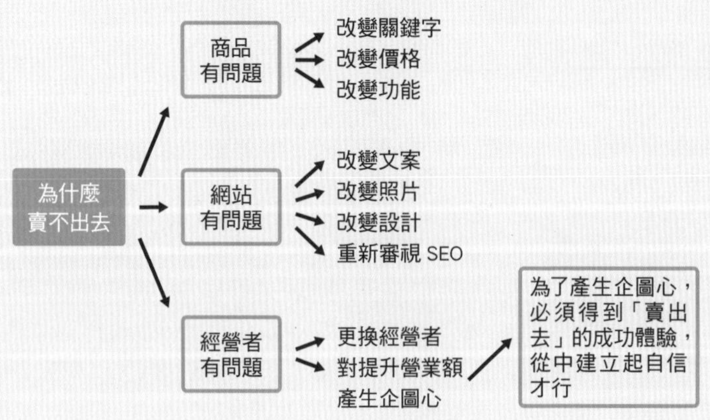
商品賣不出去，要按部就班來解決
為什麼
賣不出去
商品
有問題
改變關鍵字
改變價格
改變功能
網站
有問題
改變文案
改變照片
改變設計
重新審視 SEO
經營者
有問題
更換經營者
對提升營業額
產生企圖心
為了產生企圖心，
必須得到「賣出
去」的成功體驗，
從中建立起自信
才行

• 中級篇 •

讓單月營收從 50 萬日圓成長到 100 萬日圓，不可或缺的行銷手法

對於自家網站而言，「單月營收 50 萬日圓以上」是很大的分水嶺。一旦跨越這個分水嶺，營業額就會一口氣加速成長，網路商店的經營也能更上一層樓。

中級篇不同於重視立即見效的初級篇，而是重視腳踏實地的行銷技巧。為了成為穩紮穩打的網路商店，這部分將以「奠定基礎」的作業為主，為大家做介紹。

只要持續在部落格或臉書上發文，營業額勢必會成長

「持之以恆」的努力，是指持續創作內容

生意好的網路商店與生意不好的網路商店，最大的不同只差在能不能「持續」。同樣都是人在經營，能力幾乎沒有差異，既然使用的工具也沒什麼差異，那麼「生意好」與「生意不好」的差別就只在於「能持續」或「不能持續」了。

「持續」努力經營網路商店，意味著創作內容。持續寫部落格、更新臉書——像這樣日積月累的創作內容，就能提高網路商店的網頁量，也比較容易被搜尋到，或是讓人產生興趣。反之，如果不能「持之以恆」，網頁的內容就不會增加，在網路上的附加價值也不會增加，就成了「生意不好的商店」。

生意不好，大部分網路商店的經營者都只會先看到眼前的問題，例如「是不是哪裡的做法不對」、「有沒有更能把東西賣出去的方法」。如果太執著於營業額，滿腦子只會想著立竿見影的行銷手法，對需要一點時間才能看到結果的行銷手法便會敬而遠之。然而，上述這種立竿見影的行銷手法其實每個人都能輕易辦到，門檻非常低。換句話說，**持之以恆才能產生效果的銷售手法比較難以模仿，有助於掌握住商機，與競爭對手做出差異化。**

定下期限向旁人宣告，切斷後路

為了持續創作出部落格或臉書上的內容，首先一定要遵守自己定下的期限。舉例來說，如果決定每天都要更新一次部落格，不管再忙，都一定要遵守這個期限。一旦偷懶想說「明天再寫好了」，就會明日復明日的半途而廢。

另外，必須靠一己之力持續下去的工作，最好昭告天下。

「我每隔三天就要更新一次臉書！」

「每週一定要出一次電子報！」

藉由向身邊的朋友或工作上的夥伴宣示，斬斷自己的後路，就能打造出非得持續下去不可的環境。

持之以恆的創作內容時，最令人頭痛的莫過於「靈感來源」。來找我商量「沒有靈感，寫不出部落格或臉書」的人比想像中還要多。這時可以用與自己賣的商品有關的關鍵字上網搜尋，或者是瀏覽問答的網站，多半都能發現靈感的來源。與周圍的人討論自己賣的商品，則可以聽到意想不到的資訊或奇聞軼事，因此最好養成積極跟別人討論的習慣。

由此可知，只要多下一點工夫，要持續創作內容並不是那麼困難的事。持之以恆的確是件很不容易的事，但反過來說，只要能持之以恆，肯定能提升網路商店的營業額。所以在經營網路商店的時候，請把「持之以恆」這件事放在心上。

自家網站的行銷若無法持之以恆，通常都沒有效果

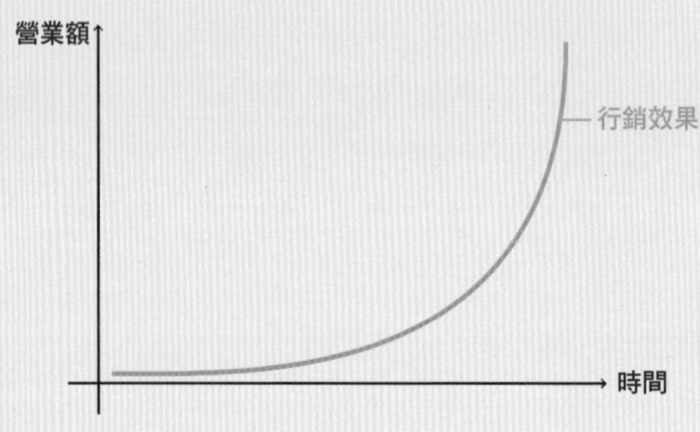

重點在這裡！

自家網站的集客力不高，因此必須花上很多時間與精力才能吸引消費者。無論再怎麼努力，都要等很久才能看到結果，所以必須要很有耐性。然而，花時間與心思培養的消費者很容易留住，只要把吸引消費者的方法固定下來，就能一口氣增加來客數，迅速提升營業額。「別放棄，腳踏實地的堅持下去！」這或許就是自家網站的成功關鍵。

如何將沒人要看的電子報，變成大家想看的電子報

直到前一陣子，電子報還是網路商店不可或缺的行銷工具。透過網路寄出免費的電子報，可以促使消費者購物。與寄廣告信這種一般的郵購方式比起來，可以用極低的成本培養回頭客。然而，最近這種電子報的行銷效果比以前差了很多。效果衰退的原因在於大家亂寄太多電子報，消費者開始對電子報這種媒體感到不耐煩。再者，即使無法透過電子報得到資訊，消費者也能透過搜尋或社群網路得到自己想要的資訊，這可以說是電子報遭到淘汰的主要原因。

基於上述原因，最近有不少網路商店不再發行電子報了。

自家網站非常適合做電子報

正因為有很多人已經退出戰場，電子報現在反而有很大的商機。

理由之一在於自家網站非常適合做電子報。會在自家網站購買商品，意味著消費者可能非常喜歡那樣商品，這樣的消費者會想知道某項商品的更多資訊。如果是傳統的電子報，裡面只有推銷訊息，自然容易被人敬謝不敏，但如果是有助於使用商品的資訊，或只有店裡的人才知道的核心情報，應該還是有很多人想透過電子報定期收到這些訊息。

另外，透過智慧型手機來增加電子報的讀者也是個機會。

以前那種寄到電腦的電子報可能會被歸類為垃圾郵件，如果消費者是用免費信箱，常常連看都不會看。然而，真正想知道那項商品資訊的人，會留下在智慧型手機上也能用的正式信箱，以便隨時閱讀，因此現在有很高的機率可以把電子報交到消費者手上。此外，安裝在智慧型手機裡的收信軟體還會跳出收件訊息來通知使用者，這比默默寄到電腦的電子報更容易被閱讀。

由此可知，電子報的環境比以前改善許多，自家網站不妨積極善用電子報。

電子報是未來「培養粉絲」的行銷工具

不過，觀察最近會被閱讀的電子報，已不再是以行銷情報或商品資訊為主，對於內容的要求也變得愈來愈嚴格。若電子報的資訊無法讓讀者覺得有繼續看下去的價值，讀者馬上就會退訂，不再閱讀。考慮到這些因素，在未來，電子報已經不是用來銷售商品的行銷工具，而是鞏固顧客，「培養粉絲」的行銷工具也說不定。

傳統電子報與新電子報的差異

	傳統電子報	新電子報
訂閱方法	用贈品來吸引人訂閱	主動訂閱
發行頻率	每天發行	每周發行一～二次
內容	行銷訊息	有用的資訊
顯示方法	純文字或 HTML	有彈性

如何蒐集品質良好的電郵地址

善用臉書來蒐集電郵地址是個好辦法

為了用電子報來提升營業額，改善內容與主旨固然有效，但是蒐集品質良好的電郵地址更加重要。像樂天市場那樣不知不覺就訂了電子報，或是被抽獎計畫招來的讀者，閱讀意願薄弱，所以馬上就會丟進垃圾桶。但如果是出於想閱讀，而特地輸入郵件地址的消費者，因為對資訊與商品有興趣，持續閱讀的可能性就很大了。

在社群網路的普及之下，據說擁有電郵地址的人愈來愈少。然而，由於臉書綁定電子郵件地址，利用臉書來蒐集電子報的讀者也是一個方法。只要在臉書打廣告，打出募集電子報讀者的活動，就能蒐集到很多品質良好的電郵地址，所以可以將之當作一種新的蒐集電郵地址的方法。

讓網頁上的電子報訂閱表單脫穎而出也是吸引人訂閱電子報的方法。另外，放上以前的電子報，或是強調閱讀電子報可以獲得優惠資訊等，讓消費者得知電子報的附加價值也很重要。訂閱之際打錯電子郵件地址的人可不少，因此可以在輸入欄位的地方寫上「請不要打錯電子郵件喔」的注意事項。就像這樣，這些小技巧其實也很重要。

定期寄出「有用的資訊」、「知道賺到的消息」

即使好不容易蒐集到品質良好的電子報讀者，也可能因為電子報的內容不佳而停止訂閱。尤其是只有行銷資訊的電子報或內容膚淺的電子報，沒兩下就會讓人停止訂閱。為了不要發生這種悲劇，要積極寄出「有用的資訊」、「知道賺到的消息」，細心製作不讓消費者感到厭煩的內容。

至於發行頻率，以每周一～二次最為理想。太少的話，讀者會連訂閱過電子報這件事都忘記；太多的話，會變成垃圾郵件，不妨決定好星期幾發行和發行時間。若發行頻率不固定，消費者就無法養成閱讀的習慣，進而不會好好閱讀電子報。想到才寫或有空才寫的電子報，給讀者的觀感是最差的，所以請停止這種不定期發行的方式。

樂天市場會對發行電子報做出限制，這反而讓電子報成為稀有的存在，讓自家公司的電子報更有機會被閱讀。然而，一旦與社群網路同時進行，要如何讓電子報與部落格連動，很難取得其中的平衡。必須釐清自家商品的性質、工作人員的數量與能力，同時找出最適合散播資訊的工具。

如何讓造訪網站的人訂閱電子報

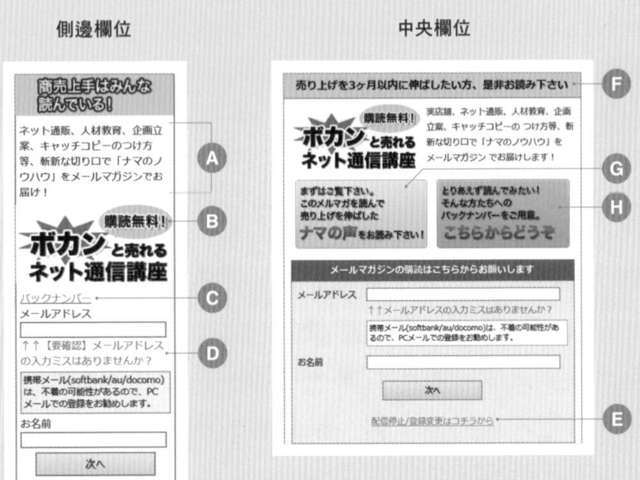

- **A** 簡單寫明電子報的內容，讓讀者想像其內容。
- **B** 標明「免費訂閱」。
- **C** 貼上過期電子報的連結。
- **D** 為了避免電子郵件地址輸入錯誤，要加上注意事項。
- **E** 加上電子報發行、取消訂閱等說明連結。
- **F** 用一句文案說明訂閱電子報的好處。
- **G** 放上看過電子報的「使用者心得」，可以讓人發揮想像力。
- **H** 讓人閱讀過期的電子報，藉此消除訂閱電子報的戒心。

【參考】竹內謙禮的大賣特賣網路通信講座
https://e-iroha.com/index.html

絕對不會輸給其他公司的專業內容製作技巧

內容的充實度，有助於提高網站的顧客滿意度與信賴度

網路商店的「內容」意指網站裡的文章。舉例來說，如果是販賣廚房用品的網路商店，不只是販賣商品的網頁，也要製作詳細說明廚房用品的歷史和廚房用品的用法等頁面，才能讓內容變得充實。

雖然是與販賣商品無關的內容，但藉由增加網站內的文章，可以讓搜尋引擎 Google 等判斷為「有價值的網站」，有利於出現在搜尋結果的前幾名。如同有「內容 SEO」這個單字所示，今時今日的 SEO 轉為重視內容型，因此充實內容是經營網路商店不可或缺的行銷手法。另外，以自家網站為例，有很多人是來網站裡蒐集情報的，所以內容充實也有助於提升顧客滿意度和集客力。

由此可見，在自家網站的經營上，必須要有製作出更充實內容的技巧。至於寫在裡頭的文章，不妨從複合關鍵字來思考，或者從 Yahoo 奇摩知識 + 等 Q&A 網站裡尋找靈感，就能寫出更貼近消費者所需的文章。

以「販賣原創資訊」的心態來製作內容

至於文章的內容，建議盡可能寫些獨一無二的原創內容。若參考網路上的新聞，內容可能不痛不癢，無法滿足消費者。再者，若上傳一些近乎複製貼上的新聞，更可能會被 Google 判斷為「抄襲的新聞」，亦即惡質的內容，降低搜尋結果的順位。考慮到這方面 SEO 的背景，必須提醒自己要盡量製作出獨一無二的原創內容。

如欲製作出獨一無二的原創內容，直接採訪掌握資訊的當事人可說是最理想的方法。努力蒐集「只有自己才知道的訊息」、「大家都想知道的資訊」，寫成報導，才是讓內容獨一無二的方法。

萬一沒有時間這麼做，也可以從書籍或雜誌上蒐集資訊，將其整理成淺顯易懂的文章。像這樣花時間寫成的文章，比較容易創造出新的搜尋關鍵字，對 SEO 也比較有利。另外，讀者看到這種有用的內容，也會提高對網站的信賴度，有助於將顧客變成粉絲。

除此之外，積極善用照片及影片等，製作成簡單好讀的內容也非常重要。如果能讓消費者覺得：「真的可以免費閱讀這麼有用的資訊嗎？」這樣的文章正是最理想的內容。為此也必須寫出不遜於專業記者撰寫的文章，才能製作出讓消費者滿意的內容。說得極端一點，未來在經營自家網站時，必須以「不是要販賣商品，而是販賣資訊」的心態來製作內容。

內容製作的價值金字塔

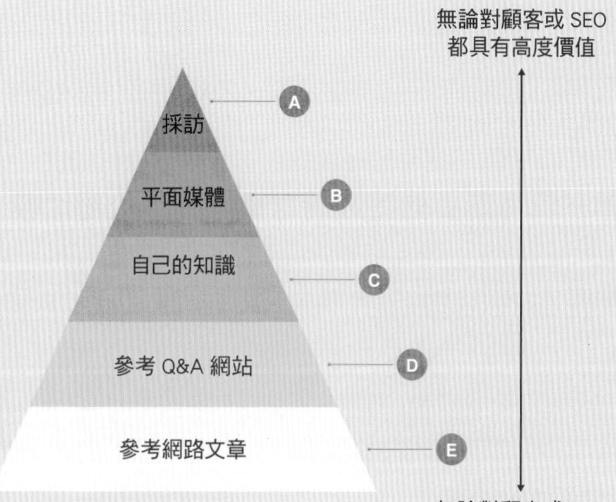

A 直接與掌握資訊的人或擁有知識的人見面，進行採訪，取得獨家的資訊，寫成文章的內容。具有原創性，對 SEO 也有高度價值。

B 參考報章雜誌、書籍等寫成的內容。並非充斥在網路上的文章，所以具有高原創性。因為將資訊整理得精簡扼要，很容易掌握住重點。

C 依自己腦海中的知識或經驗寫成的內容。雖然具有原創性，但是若非高規格的知識，文章本身很容易變得膚淺，請小心。

D 從 Yahoo 奇摩知識 + 等 Q&A 網站蒐集資料，整理成一篇文章。然而因為欠缺正確性，網路上的文章也不具原創性，內容上價值就降低很多。

E 參考網路上的新聞或報導寫成文章的內容。雖然容易整理，但由於是已經在坊間流傳的資訊，在內容上價值也很低。很容易變成大同小異的文章，SEO 的價值也不高。

強調優於競爭對手之處更容易把商品賣出去

消費者在購買商品的時候時常會和其他公司比較

在網路上購買商品，也就意味著消費者正在「比較其他公司的商品」。舉例來說，在搜尋欄位輸入「長夾」的人，看到搜尋結果就會開始思考「哪一種長夾比較好」。換句話說，要在網路上販賣商品，就必須在隨時與其他競爭對手互相比較的前提下擬訂策略才行。

考慮到上述的情況，網路商店不要一味描述自家商品的優點，而是要強調優於其他公司之處，才能提高消費者的購買意願。比起「這個長夾堅固耐用」這種話，像是：

「在同一個價位區間的長夾裡，這款是最耐用的。」

這種話才最貼近消費者「正在比較」的心情。

隨時留意其他競爭對手

為了成為與其他競爭對手比較也能脫穎而出的網路商店，首先必須確認哪家店是自家網站的競爭對手。例如在搜尋結果中排在自家網站前面的網路商店，或價位相近的網路商店等等，最好把可能被消費者拿來比較的網站全都列出來。

一旦找到競爭對手的網站，就必須提醒自己隨時都要上傳比那家網路商店更有水準的照片和商品說明。增加照片的數量，或是增加商品說明，永遠都要「好還要更好」。尤其是寫上其他競爭對手沒提到的資訊內容，或販賣競爭對手的店鋪沒賣的商品，更能擴大差異化。在行銷的時候不妨隨時留意「其他競爭對手沒做到的事」。

光是想到競爭對手的網路商店，就令人沉不住氣；一旦真的與對手槓上，無論如何都會心浮氣躁。然而，如果就此不關心對手的動向、不把對手放在眼裡的話，遲早有一天會馬失前蹄。為了不讓事情演變成這樣，只要保持適當的距離，觀察競爭對手的網路商店，將網站目標設在「即使被比較也能勝出」，做出差異化即可。

說得再極端一點，早上進公司，你甚至不是先連到 Google 或 Yahoo 的網站，而是把競爭對手的網路商店設定成首頁，必須有這樣的覺悟才行。

競爭對手網站的檢查重點

☑ 檢查搜尋結果

試著一一輸入搜尋關鍵字，與自家網站做比較，看雙方各自出現在搜尋結果的什麼位置。要是有排在競爭對手後面的關鍵字，就要想辦法加強。

☑ 檢查網站內容

檢查內容。倘若內容或字數有差距，就要寫出超越對方的內容。

☑ 檢查智慧型手機的網站

一家商店的手機網站如果夠充實，我們就可以想見整個網路商店都很積極的在經營。倘若手機網站的狀態馬馬虎虎，就得盡快想辦法改善。

☑ 檢查廣告

檢查搜尋引擎廣告或二次行銷廣告的網路廣告。只要得知集客方法，就很容易預測競爭對手的營業額或策略。

☑ 實際下單看看

試著實際下單，調查商品。除此之外，最好也檢查一遍系統自動寄發的信、訂購、出貨信、包裝及商品內附的傳單等等。

利用插圖或漫畫，進一步刺激購買欲

不容易理解用法及優點的商品，改用圖象表現

說明商品之際，善用漫畫或插圖的話，更能加深消費者的理解。舉例來說，販賣烘焙機的時候，光靠烘焙機的照片和文章，會讓說明變得很複雜。然而，只要穿插漫畫或插圖，就能以視覺的方式傳遞資訊，變得簡單明瞭。尤其是智慧型手機，由於畫面很小，閱讀文字很容易變成一件吃力的事。若利用漫畫或插圖來說明商品，即使是智慧型手機，也能讓消費者毫無負擔的閱讀資訊。另外，把漫畫或插圖放在首頁，就能讓人產生興趣，一直看下去，所以如果目的是延長消費者停留在網站上的時間，也可以多善用漫畫或插圖的內容。

使用方法比較複雜或者不容易理解的商品，最適合附上漫畫或插圖的說明。例如汽車零件或健康器材等使用方法和優點比較不容易理解的商品，很難用文章或靜止的畫面說明，所以改用視覺的方式表達會比較好懂。此外，商品的開發內幕或賣方的堅持等內容，寫成文章讀者可能會直接跳過，若畫成漫畫則會讓人產生興趣，比較願意閱讀。

資訊要盡可能精簡

不妨善用「Lancers」或「@ SOHO」等媒合網站尋找幫忙畫漫畫或插圖的人。這些網站中有很多人是在家繪圖，酬勞約在數千日圓至數萬日圓上下。若找到喜歡的插畫家或漫畫家，就可以請他們作畫，不過在委託的時候，請盡可能先描繪出簡單的草圖，努力讓創作者知道自己想要什麼。還有，委託人很容易想要一口氣塞進太多資訊，畫了這個又要加上那個。回過神來，明明是漫畫，卻滿滿都是文字，所以委託人最好盡可能精簡要表達的訊息。

重點在這裡！

要與其他競爭對手做出差異，我很推薦四格漫畫。在智慧型手機網站上，四格漫畫閱讀起來毫無壓力，為其優點之一。將內容整理得簡潔有力，更容易表達商品的優點，也比較容易讓人產生想像。不妨參考以下四格漫畫的架構範例，描繪出獨一無二的漫畫。

讓消費者好理解的四格漫畫架構

A 起

第一格描繪出煩惱的模樣

B 承

有辦法解決問題的人物與
商品登場

C 轉

實際使用看看
說明獨家特色

D 合

強調價格或限量贈品
進一步刺激購買欲

讓營業額一口氣狂飆的特賣會精髓

提前通知特賣會舉行時間，並採取一～三天的短期戰

為了讓自家網站的特賣會大獲成功，首先要以聚集顧客為前提。若不能用電子報或臉書來對消費者布下包圍網，對於搜尋而來的新顧客而言，這不過是一次跳樓大拍賣而已。結果只是用比較便宜的價格，把商品賣給原本就打算以定價購買的人，等於完全搞不清楚為什麼要舉行特賣會。由於自家網站無法像樂天市場那樣用廣告來告知有特賣會，如果要舉行特賣會，用電子報或臉書來聚集消費者就成了大前提。

突然說要舉行特賣會，由於消費者尚未做好心理準備，會對購買商品產生猶豫。因此，必須從一～二周前就開始通知會有特賣會，讓消費者先做好心理準備。另外，每年事先決定好舉行特賣會的時間，就能讓消費者事先做好購物的準備，所以特賣會舉辦時間最好固定。

建議將 6 月下旬～ 7 月上旬、11 月下旬～ 12 月上旬設定為舉行特賣會的期間。此外，配合樂天市場或 Amazon 的特賣期間，也會有很多消費者流到自家網站，因此配合大型購物商城的活動來舉辦特賣會也是個好辦法。除此之外，在一般人的發薪日，在日本也就是每個月 25 日以後，以及發放年金的偶數月

15 日以後舉行特賣會，營業額多半也會比其他時期亮眼。

然而，特賣會的期間一旦拖得太長，網路上的消費者就會認為「還不急著購買」，導致購買意願下降。為了不讓事情變成這樣，網路商店在舉行特賣會的時候最好採取一～三天的短期戰為上策。

明確的訂出特賣會的目的，且次數不要太多

至於特賣會的網頁，總之要記得做得華麗一點。既然都說是「特賣會」，重點莫過於對價格的訴求，因此請全面性的大打價格戰。

不過，由於特賣會能輕易帶動營業額，經營者很容易一試上癮，必須特別小心。一旦特賣會的次數太過頻繁，消費者也會等待購買商品的時機，反而會讓消費者的購買循環慢下來。

為了不讓事情變成這樣，特賣會的次數必須有所節制，並致力於商品開發和充實內容，不要單純仰賴降價求售的銷售手法。

此外，只要特賣會的目的夠明確，即使同樣都是特賣會，也能製造出不同的差異，創造出不會讓消費者感到換湯不換藥的行銷企畫。舉例來說：

「目的是消化庫存嗎？」
「目的是提高顧客滿意度嗎？」
「目的是創造營業額嗎？」

只要設定好明確的目標，網頁的呈現方式與文案也能增加

變化，進而能穩定的舉辦讓消費者樂在其中的特賣會。

製作華麗的特賣會網頁

縮短特賣會的期間、告知特賣會即將接近尾聲，更能刺激消費者「想擁有」的心情。此外，明確寫出舉行特賣會的原因，也比較不會傷害到商品的品牌形象。

【參考】YOUFUKU.com
http://tshirt-kakaku.com/

一舉兩得的「瑕疵品」銷售手法

容易讓人覺得賺到，因此也有公司會刻意生產「瑕疵品」

所謂「瑕疵品」意味著有缺陷的商品或者是舊款的商品，總之是無法以定價販賣的商品。乍看之下，可能會讓人以為已經失去了商品價值，但是「瑕疵」這個形容詞更容易傳達出划算的感覺：

「這項商品有點問題，但品質並不差。」

「只要稍微忍耐一下，就能以便宜的價格買到相同的品質。」

就像這樣，很多網路商店都會販賣「瑕疵品」。

採用「瑕疵品」這種名稱或許會讓人留下不好的印象，所以也有很多網路商店會以「過季品」的名稱來販賣。其中也有公司因為瑕疵品賣得特別好，反而故意生產瑕疵品。由此可見，不需要用到「打折」或「特價」這些字眼，就能讓消費者產生買到賺到的感覺，因此有很多網路商店都把販賣「瑕疵品」當成一種銷售手法。

以「期間限定」、「數量有限」限量販售

如前所述，必須先對顧客撒下包圍網才能舉行特賣會，但如果是瑕疵品，不用聚集一票人，也能透過強調划算的感覺，讓消費者買單。舉例來說，倘若新型的空氣清淨機太貴，消費者買不起，只要以便宜的價格販賣舊型的空氣清淨機，可能就有人會願意購買。如果用了舊型的空氣清淨機感到滿意，消費者也可能會考慮下次買新的。由此可知，瑕疵品也扮演著培養潛在客戶的角色。

針對好顧客舉辦神祕特賣會，販賣瑕疵品也是一種很有趣的行銷企畫。由於會成為獨一無二又刺激的行銷企畫，可以試著加到每年的行銷活動裡。

想當然耳，販賣瑕疵品或過季商品可能會降低品牌魅力或破壞行情，但是只要以「期間限定」、「數量有限」來販賣，就不會造成太大的影響。反而是幫助宣傳新商品優點的好處還比較大，我建議各位積極在網路商店販賣瑕疵品。

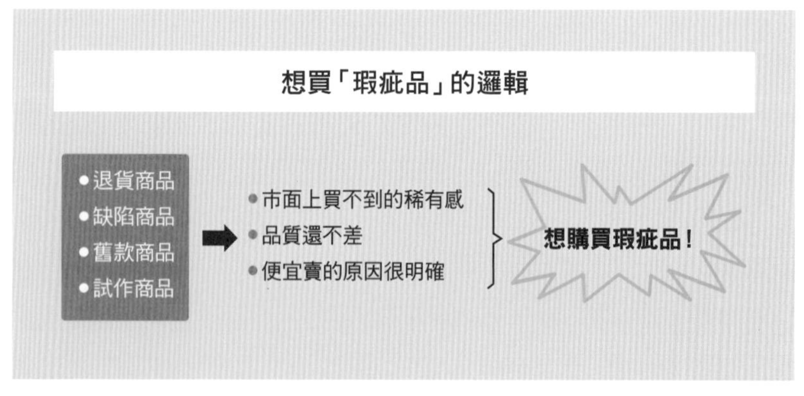

善用自家網站的「紅利點數」來提升營業額

回饋給新客戶的紅利點數一定要慷慨

樂天市場之所以能成功包圍消費者，原因之一就在於善用「樂天點數」。樂天點數不只可以在樂天市場上各式各樣的商店使用，也能用在樂天旅遊或樂天書城，這種使用上的彈性會讓消費者感到很划算，因此會積極的在樂天市場進行網路購物。

然而，自家網站很難像樂天市場那樣善用紅利點數、舉行紅利點數的特賣會。如果是許多商店都能使用的紅利點數，透過回饋紅利點數的特賣會，還能從其他網路商店獲得潛在顧客，但是自家網站只有一家店，紅利點數也只能在這家店使用，所以推出這種行銷企畫只對回頭客有吸引力。

所以如果要用自家網站的紅利點數來行銷，就必須採取大膽的紅利點數回饋策略。尤其是提供給新客戶的紅利點數一定要慷慨，才能培養回頭客。舉例來說，在自家網站買進 5000 日圓的衣服時，就算回饋 1% 的紅利點數，消費者也只能拿到 50 日圓。這麼一來，消費者會認為只有一點點，根本沒有划算的感覺，集點活動就失去行銷效果。然而，如果能回饋 10% 的紅利點數，就是 10 倍，也就是 500 日圓。回饋的紅利點數變多，就會讓人產生強烈意願，下次還要來這家店購買。

省去的手續費和廣告費，大方用作紅利點數回饋吧！

想當然耳，回饋 10% 的紅利點數，等同於一成，因此店鋪的毛利率自然會下降。然而，比起為了讓消費者再次光顧，反覆推出特賣會或打折行銷，也不知道消費者什麼時候才會來購物，一口氣回饋 500 日圓的紅利點數，反而有很大的機率能把消費者變成回頭客。

若把付給樂天市場或 Amazon 的手續費、廣告費也算進去，自家網站大膽的紅利點數回饋，其實並不是那麼貴的行銷成本。再想想免運費或是打折的銷售手法，紅利點數的回饋是一種既不會讓消費者產生「跳樓大拍賣」的印象，又能讓人感覺划算的促銷手法。

由此可知，只要慷慨的將紅利點數回饋給第一次上門的消費者，就能培養出回頭客，讓他們定期在網路商店購買商品。

自家網站的紅利點數用法

- ☑ **回饋紅利點數給寫「使用者心得」的人**
- ☑ **在只有極少數的常客才能參加的神祕特賣會，回饋紅利點數**
- ☑ **無論如何都想提升營業額的時候，再實施紅利點數回饋行銷**
- ☑ **讓紅利點數也能用於實體店鋪**
- ☑ **一口氣將紅利點數回饋給第一次消費的人，藉此打消消費者去其他商店消費的念頭**

就連消費者也能接受的漲價方式

可以藉由保固或限量贈品來模糊售價焦點

因應物價或人事費用上漲，網路商店必須隨時配合「漲價」這件事來做生意才行。

「一旦漲價，消費者可能會跑掉。」
「要是賣得比其他商店貴，可能會賣不出去。」

所以很多人會對漲價裹足不前，但是如果都不漲價，導致利潤受到侵蝕的話，即使要背負一點風險，也該狠下心來漲價。

為了勇於漲價，要先將消費者變成粉絲。只要能善用電子報、臉書、廣告信等，讓人理解商品的優點，即使漲一點價，消費者還是會因為喜歡那樣商品，而繼續購買。

倘若不是消費性的耗材，由於消費者不知道以前的價格，就算漲價也幾乎不會被發現。即使因為漲價而變得比其他公司貴，也可以附上保固或限量贈品，以加上其他附加價值的做法來模糊售價的焦點。

促使消費者購買更貴的商品，藉此提高客單價也很重要

為了促使消費者購買更貴的商品，不妨在網站上展示出三種等級。透過這種行銷手法，就會讓消費者覺得買便宜貨好像不太划算，進而購買價格居中或高價的商品。此外，促使消費者一次購買整套，或是提供送禮服務，以提高客單價，也可以說是一種傳統的漲價政策。

至於該怎麼通知消費者漲價的消息？昭告天下的方式通知「我們漲價了」，並不是太理想的方法。經常可以看到一些網路商店利用網頁或臉書宣布漲價，但是如此一來，便會在消費者心中種下「昂貴」的印象，購物時，消費者就會有很多顧慮。但如果因為這樣就什麼都不說，可能會引起消費者的抗議，所以不妨以不太顯眼的方式，不著痕跡的在網頁上最新消息的地方偷偷公布。

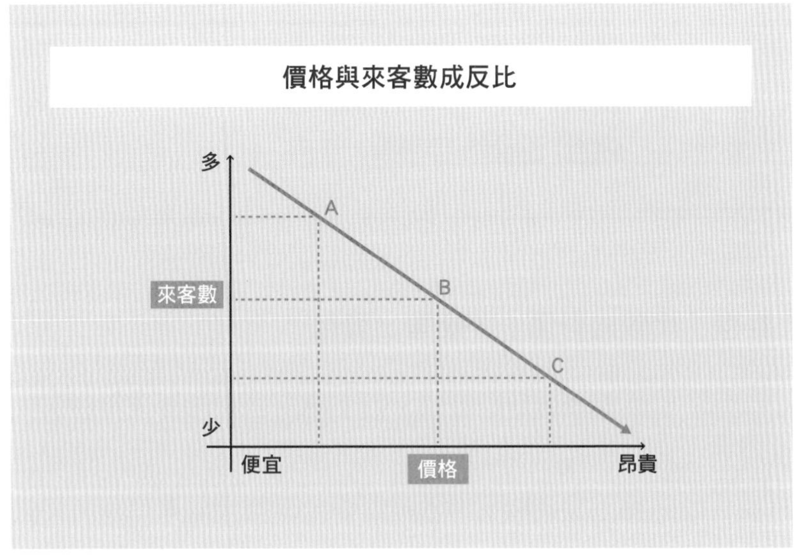

重點在這裡！

上圖的縱軸為「來客數」，橫軸為「價格」。A 是以便宜的價格留住消費者。然而，價格一旦漲到 B，來客數就會減少；再漲到 C 的話，來客數會變得更少。然而，A、B 和 C 由縱軸與橫軸構成的面積是一樣的。換句話說，即使漲價，只要能留住顧客，營業額就不會減少。由此可見，在執行漲價策略的時候，只要能維持住集客力，營業額就不會降低。

善用 Google 分析工具做出正確的判斷

要有「比較的數值」才能看出變化

為了蒐集自家網站的數據，很多網路商店都會運用訪客人數分析工具「Google Analytics」，可以免費使用，就能得到網路商店的訪客人數及跳出率等擬訂提升營業額的策略時所必要的數據。

分析 Google Analytics 時必須要有「比較」的對象。例如與去年比較、每個月的比較，要先有用來比較的數值，才能看出變化。

「6 月的訪客人數為 5000 人次。」

光看這樣一個數字，其實什麼都無從知曉。

「去年 6 月的訪客人數為 5000 人次，今年 6 月成長到 1 萬人次。」

有了上述的比較數字，才知道內部採取了什麼足以改變訪客人數的策略，也才能開始思考戰略。

規模太小的話，數字的差異只是「誤差」

如果是單月營收不到100萬日圓的自家網站，太在意Google Analytics的數據也不是好事。以這種規模的營業額來說，生意好與不好的起伏很大，訪客人數與營業額的數字沒有太大的相關性。這麼一來，蒐集到的數據可能只是「偶然」的結果，無法採取正確的策略。

假設有家網路商店，每個月有1萬人次來訪，即使掉到只剩下8000人次，對電子商務的網站而言，1000～2000訪客人數的出入都還在誤差的範圍之內。換句話說，並不是網頁或商品出了什麼問題，只是「剛好這個時期來網站的人比較少」，無法從這個數據看出個所以然來。其他像是跳出率、停留時間或轉換率，一旦數字太小的話，呈現的數據就跟訪客人數一樣，都只是誤差而已，所以若只有百分之幾的出入，其實不需要耿耿於懷。只要造訪網站的消費者品質夠好，就算訪客人數不多，商品也賣得出去，要是為了吸引客人而把搜尋關鍵字弄得太抽象，訪客人數再多也無法轉換成營業額。

由此可知，當營業額太少時，利用Google Analytics蒐集到的數據並沒有什麼參考價值。儘管如此，觀察數字的變動，還是能知道「自己的網路商店目前處於什麼樣的狀態」，所以請務必保持適度的距離，客觀的檢查這些數據。

應該用 Google Analytics 觀察的 4 個重點

訪客人數的變化	營業額	對策	狀況
訪客人數不變	成長	商品實力很強，網頁很好。已經腳踏實地的努力培養粉絲當中，因此只要維持現在的策略，營業額就會持續成長。	◎
	萎縮	顧客被其他公司搶走了。只要改善「網頁的訴求」、「價格」、「商品實力」這三點，營業額就會恢復正常。	×
訪客人數萎縮	成長	顧客的品質很好，所以會立刻購買。以店鋪名稱、商品名稱搜尋的人愈來愈多，品牌實力得以提升。	○
	萎縮	曝光度不佳。必須重新審視SEO、搜尋引擎廣告。市場可能已經被其他競爭對手壟斷，因此請盡快擬定對策。	×
訪客人數成長	成長	整體而言很順利。只要能找到訪客人數與營業額成長的原因，業績還會繼續提升。	◎
	萎縮	網頁吸引人購買的力道還不強。請改善照片、文案、使用者心得等等，以提升網頁吸引人購買的力道。	△
只有某個網頁的訪客人數突然增加	成長	可能具有吸引消費者的獨門關鍵字，所以請檢查搜尋結果。	○
	萎縮	網頁的架構有問題，或是售價可能與市場行情有所出入，因此最好研究一下其他競爭對手的商品。	△

重點在這裡！

如果集客策略沒有計畫性，就無從得知訪客是從哪裡來的，就算看到 Google Analytics 的數據也無從判斷。換句話說，只知「量」而不知「質」的話，就無法做出適當的判斷。因此，如欲導入 Google Analytics 展開對策，就必須施行 SEO、搜尋引擎廣告、利用社群網路集客等，有計畫的實行策略為大前提。否則就算看到數據，也無法採取任何對策。

除此之外，還必須看懂上述 Google Analytics 的數據。就算檢查重點只有「訪客人數」也無妨。請用這個數據來檢查營業額是成長還是萎縮，做出適當的判斷。

可以設定單月營收達 500 萬日圓以上，每個月的訪客人數有 5 萬人次的話，再來思考這些數據有沒有幫助。當然，這個數字只是我個人的看法，狀況會隨商品及客單價產生相當大的變化。然而，如果是小規模營業額的網路商店，比起訪客人數，更應該以營業額為基礎，冷靜的判斷狀況，思考提升營業額的策略。

要「以量取勝」還是「培養粉絲」，選擇合適的回信方式

具有高度趣味性、回購率的商品，回信要更個性化

營業額一旦成長，建議重新審視顧客信的制式內容。開幕初期，很可能滿腦子都是網路商店新開幕的事，回信樣版做得雜亂無章。例如回覆詢問的信，敬語可能用得亂七八糟，或是處理客訴的回信反而更加失禮——不夠謹慎的回信反而會讓人對這家店的印象更差，這種慘劇屢見不鮮。

此外，營業額成長後，也會開始不知該花多少時間與精神來回覆消費者的詢問信才好。有禮的回信或許能讓消費者變成這家店的粉絲，而回覆罐頭信件固然可能會把消費者氣跑，但是會讓客服的工作變得很有效率。要怎麼回覆的判斷將左右網路商店的營運方針，所以請盡可能讓回信張弛有度。

舉例來說，如果是具有高度趣味性、回購率的商品，回信方式最好讓人清楚感受到賣方的存在感。在信件開頭寫下回覆對象的大名，使用充滿情感的字眼，時而用些表情文字，時而加上驚嘆號，針對每一封來信，都要仔細的用心回覆。

相反的，如果是日常用品、回購率不高的商品，建議回信時要重視效率。因為買方對回信的內容不會有太多期待。就算送上沒什麼感情的罐頭回信，營業額也不會因此萎縮。

有很多網路商店的回信雖然制式化，營業額也不會萎縮

對於這兩種極端的回信方式，肯定有人贊成也有人反對。但其實比起因回信造成的客服差異，網站的內容差異、商品實力的差異還比較容易對營業額造成影響。至於回信的內容，比起以前那種充滿感情的回信方式，機械化回信方能有效率的處理大量客服信，比較容易提升營業額。

「回信不夠有禮貌可能會讓客人跑掉」，通常都是負責回信的人想太多了，現狀是有很多網路商店的回信雖然制式化，營業額也不會因此萎縮。考慮到這些因素，除非是非常有個性，必須培養粉絲的商品，否則只要好好做好回信的樣版，採取重視效率的回信比較適合現在的網路商店營運模式。

回信的樣版最常犯的 5 個錯誤

☑ 使用太多敬語或客套話、官方說法？變成莫名其妙的文章

有很多人誤以為「有禮貌的回覆消費者＝使用大量的敬語或謙讓語」。結果把文章變得又長又不自然，反而會讓人感覺不到誠意。這是在早期製作樣版時最常犯的錯誤，最好再次進行確認。

☑ 消費者不曉得該怎麼反應才好

退貨或退款的手續很難理解，可能會讓消費者猶豫不決，不知道是要再次寄信追問，還是要直接打電話。因此，必須明確告訴消費者他們可以怎麼做。重要的部分要空行，讓回信有層次。

☑ 明明是樣版，卻做得很馬虎

正因為是樣版文章，必須徹底製作成高水準的回信樣版，分享給所有的工作人員。最好請第三者檢查一下，再次確認文章的內容。

☑ 歉道得太少

在道歉信裡，前面、中間、最後加起來至少要道歉三次。不只要寫出明確的原因，也得表達改善的策略，才能平息消費者的憤怒。倘若一時半刻無法解決問題，請立刻改用電話溝通。

☑ 未能增加營業額

對於洽詢或疑問，不要只給答案，必須一邊回答，一邊推薦其他相關商品。也要事先製作商品推薦或整套購買介紹的樣版回信。

「增加商品數量」是提升營業額的最簡單方法

至少要將商品增加到 5000 件才能提升營業額

「增加商品數量」的行銷手法可說是提升營業額最簡單的方法。只要增加商品的數量，商品頁會隨之增加，因此消費者流向網站的路徑也會增加。如此一來，訪客人數當然會變多，所以商品就賣得出去了。不僅如此，增加網頁還能強化 SEO，大量購買的人會增加，因此也能提升客單價。

然而，就算決定要「增加商品數量」，但光是把商品從 10 件增加到 20 件依舊無法提升營業額。就好比將彩券從 10 張增加到 20 張，中獎機率也沒什麼太大的差別。如果想確實提升中獎機率，除非一次購買幾千張彩券，否則只有幾十張是無法改變中獎機率的。

如欲以增加商品數量來提升營業額，至少要將商品增加到 5000 件，才能提升營業額。想當然耳，倘若是專業用品或趣味性夠強的商品，倒不需要將商品數量增加到這麼多。只是，我至今接受過好幾件諮詢，一些網路商店過去對商品種類不怎麼講究，來詢問要如何增加商品數量，而在這些案件中，我發現「5000 件」似乎是營業額的一大分水嶺。萬一商品數量少於這個數字，營業額就不會有明顯的成長，即使增加商品數量，也對營業額沒什麼助益。

由廠商直接出貨，就能在零庫存的情況下增加商品數量

「要把商品增加到5000件根本不可能……」或許很多人都這麼想，但是最近不用進貨就能販售的直運服務（drop shipping）愈來愈普及，也就是當顧客下訂後，由廠商直接出貨。所以只要能得到商品資訊及圖片，再把訂單資訊寄給廠商，廠商就會代為出貨，賣方不需要囤貨。

日本的MOSHIMO（https://www.moshimo.co.jp/index）股份有限公司利用直運服務，經手眾多商品，並針對自家網站提供名為「TopSeller」的服務。只要每月支付1980日圓的費用，就能自由販賣5000件以上的商品，因此要是苦於商品數量太少的話，請務必一試。

以1980日圓的月租費將商品數量增加到5000件以上的「TopSeller」

http://top-seller.jp/

由MOSHIMO股份有限公司經營的「TopSeller」，可以在零庫存的前提下引進暢銷的商品，而且已經準備好完成的商品頁，賣方還能省下製作網頁的時間。傳統做法固然是藉由增加商品數量來提升營業額，但也有人是與自家商品交叉銷售，或者是用來測試市場的反應。

找出免運費最佳的「合計金額」以提高客單價

合計金額太低的話，要負擔的運費成本會增加；合計金額太高的話，訂單會減少

經常可以在網路商店看到「購買〇〇〇元以上可免運費」的文案。這是藉由向消費者設置「免運費」的門檻，讓消費者盡可能同時購買許多商品的策略之一。

要設定這個免運費的合計金額，比我們想像中還要困難。合計金額設得太低，消費者就會傾向分散訂單，賣方要負擔的運費成本就會增加，導致獲利率下降。相反的，合計金額設得太高，固然能降低運送成本，但是訂單的數量也會隨之減少，真可謂「有一得必有一失」。然而，在反覆調整上述合計金額的設定時，也會明白既能產生利潤、又能爭取到訂單數量的合計金額是多少。只要能計算出最恰當的免運金額，就能順便賣出其他商品，順利提高客單價。

如何讓消費者單筆就花很多錢，是提升營業額的關鍵

除此之外，引導消費者同時買進其他商品，也是一種提升客單價的手法。在 Amazon 購物的時候，「經常合購的商品」、「購買此商品的人，也買了……」等文案映入眼簾，說是讓人忍不住再買一樣的行銷陷阱也不為過。

另外，以自家網站為例，不只要讓消費者衝免運，更可以讓人同時申請具附加價值的服務來提高客單價。像是提供 10 年內的修理服務，或是免費諮詢、顧問服務，藉此提高商品的附加價值也是個好方法。如果是在地型的商店，提供自費安裝服務或到府服務供顧客選擇，也是提高客單價的另類手法。

自家網站由於集客力較弱，「如何讓消費者買一次東西就花很多錢」就成了勝負關鍵。多下一點工夫，好讓造訪網站的客人盡可能多買一點商品，才能確實提升營業額。

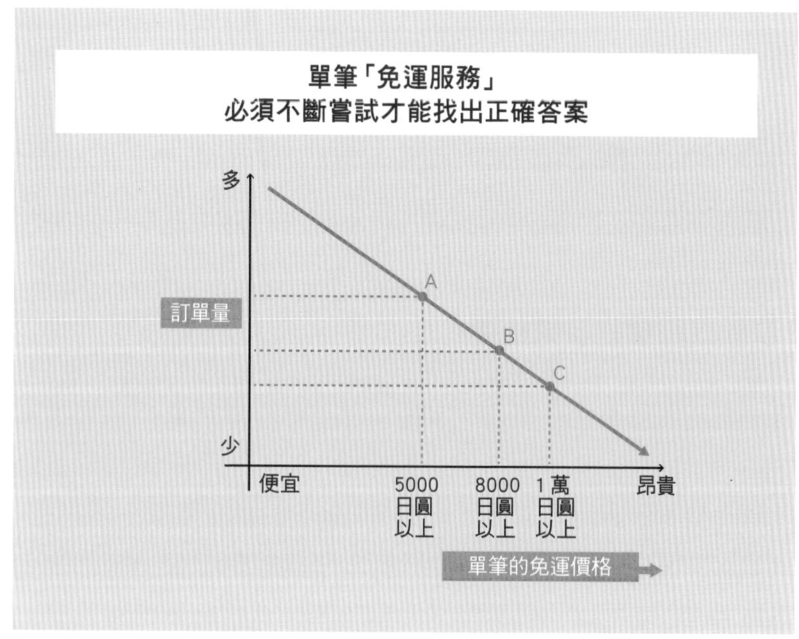

重點在這裡！

要是光憑感覺或印象來設定「單筆」免運的合計金額，價格就很容易與行情脫勾。如上圖所示，A、B、C 哪一點才是最恰當的金額呢？不妨分成三階段來測試「單筆」金額，找出獲利率最高、訂單量最多的金額，再來宣傳「單筆免運」。

不讓 Amazon 把消費者連根拔走的對策

不能以削價競爭來比拚

商品數量夠多，價格夠便宜的 Amazon 對自家網站來說無疑是一大威脅。再加上配送服務夠快，有些地區甚至可以當天收到商品，對實體店鋪而言，實在是棘手的生意強敵。

為了與這樣的 Amazon 相抗衡，不能以削價競爭來比拚。因為 Amazon 是以「就算電子商務的部門有些虧損也無所謂」的態度在進行削價競爭，絕非可以輕易取勝的對手。萬一 Amazon 開始用比自己便宜的價格販賣，請不要太激動，建議冷靜的應對。

強調 Amazon 欠缺的附加價值

為了不讓 Amazon 把顧客搶走，可以強調 Amazon 欠缺的附加價值，強化彼此的差異。舉例來說，Amazon 只有買賣商品的結構，所以在保固及維修方面可能就無法做到面面俱到。當然，只要仔細的在網站裡尋找，還是能找到充實的售後服務，但是 Amazon 本身並未大肆宣傳這一點，所以還不熟悉網路的使用者在購買的時候多半都會感到不安。不妨反過來利用這個弱點，大大的放上電話號碼，強調售後服務與能迅速處理修理、退貨的問題，讓消費者理解自家網站的附加價值。如果是原創的商品，大力標榜「官方網站」也是個好方法。

「最近網路上出現了類似商品，請多加留意。」
「只有在本店網站上購買的商品才是真貨。」

利用諸如此類的文案來強調自家網站的正統血脈，同時充實「在其他的網站可能會買到次級品」的內容，也是對抗 Amazon 的一環。

除此之外，可提供量身訂製和包裝服務等 Amazon 力有未逮的服務，好讓消費者理解自家網站的附加價值。

加上地名或形容詞，找出尚未被攻占的關鍵字

Amazon 在集客面也是強大的對手。隨便搜尋一下，不難發現 Amazon 幾乎占據了所有商品的搜尋結果前幾名，無論自家網站再怎麼努力 SEO，皆無法戰勝 Amazon。

這時可加上地名或形容詞，組合成複合關鍵字，找出尚未被 Amazon 壟斷的特殊關鍵字。例如：

「大阪　廚房用品」
「廚房用品　可愛」

像這樣，不要跟 Amazon 硬碰硬，稍微區隔一下彼此的搜尋關鍵字，摸索與 Amazon 相抗衡的方法，才是勢單力孤的自家網站要贏過 Amazon 的方法。

7 種贏過 Amazon 的銷售手法

- ☑ 量身訂製的商品
- ☑ 售後服務很周到的商品
- ☑ 提供安裝服務的商品
- ☑ 賣得比 Amazon 便宜的商品
- ☑ Amazon 沒有提供的尺寸或顏色
- ☑ 包裝服務、送禮服務
- ☑ 電話訂購

不讓消費者在樂天市場購買，而是向自家網站購買商品的方法

壓低自家網站的售價，與商城同時展開特賣會

樂天市場的優勢在於具有日本最強的「集客力」——透過電子報、搜尋、紅利點數回饋來集客——就算要支付每個月的租金和手續費，這樣的集客力還是很有吸引力。只要體驗過一次這種集客力，就會覺得腳踏實地經營自家網站的自己愚不可及，可見樂天市場的集客力簡直有如迷幻藥般。

然而，也有巧妙運用上述樂天市場的集客力，提升自家網站營業額的方法。舉例來說，不妨趁樂天市場的營業額成長得最為凌厲的「樂天超級特賣周」，也在自家網站舉行特賣會。樂天超級特賣周一旦開跑，在瀏覽樂天市場的商品同時，也會有許多消費者順便瀏覽自家網站上屬意的商品。鎖定這些消費者，與樂天超級特賣周同時展開自家網站的特賣會不失為一個好方法。

除此之外，若一家網路商店同時有樂天市場與自家網站，採取「壓低自家網站售價」的策略也很不賴。扣掉支付給樂天市場的手續費或租金成本，應該有很多網路商店都能訂出充滿魅力的售價。

多下一點工夫，偷偷讓消費者察覺自家網站的存在

至於最重要的，要如何將消費者誘導至自家網站？做得太露骨可能會挨罰，必須謹慎處理。在樂天市場的網路商店寫出「樂天市場店」這幾個大字是一種方法。藉由在網站上的各個角落裡寫下「樂天市場店」的文字，消費者也會開始懷疑「是不是還有自家網站？」一旦他們連到自家網站，發現售價比樂天市場還要便宜，消費者就有可能會在自家網站購買商品。

當然，樂天市場的紅利點數自有其吸引力，所以消費者不會輕易的改在自家網站買東西。儘管如此，只要存在一絲絲機會能讓消費者流向自家網站，這個策略就有執行的價值。

除此之外，加強電話應對、實體店鋪的介紹也是「對抗樂天市場策略」的一環。還有，倘若樂天市場有競爭對手的商品，裡頭一定會有消費者的使用心得。只要上面有負面的評價，就可以反過來在自家網站強打這一點，利用文案或內容來宣傳自己的優點。

樂天市場擁有遠勝於自家網站的集客力，對此請務必研擬出一套自家網站特有的行銷手法來對抗。

界限消失的電子商務市場

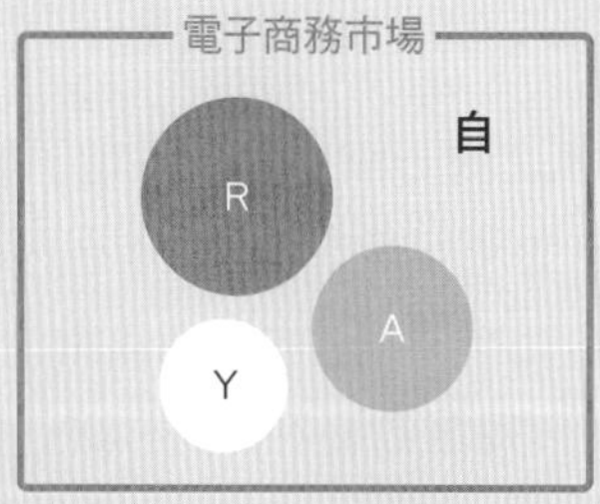

2000年～2012年

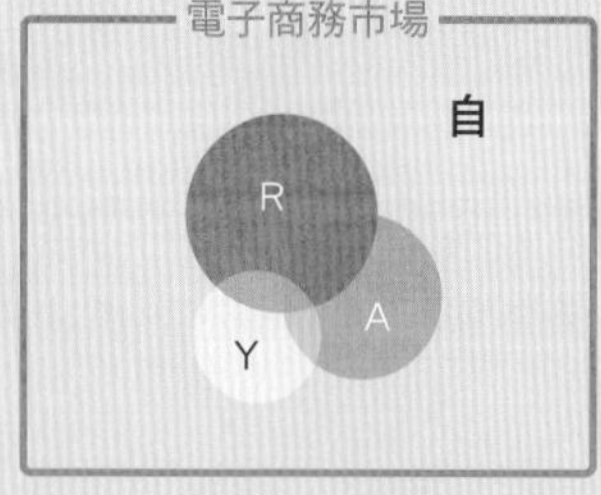

2012年～2014年

2014 年以後

R：樂天　A：Amazon　Y：Yahoo 購物中心　自：自家網站

重點在這裡！

2000 年～ 2012 年之間，樂天市場在電子商務市場上呈現獨領風騷的狀態。然而，自 2012 年以來，Amazon 一口氣擴大市場占有率，Yahoo 購物中心亦以免上架費急起直追。到了 2014 年以後，每個商圈各自的界限已經消失了。

「集點的話就選樂天。」
「想要又快又便宜的商品就上 Amazon。」
「想使用 T 集點卡的話就到 Yahoo 購物中心。」

像上述這樣，習慣在網路上購物的消費者，會將購物商城分開來使用。別說是商店，有愈來愈多消費者就連對商城也不再有忠誠度。
自家網站雖然一開始被排除在商圈「之外」，但如今隨著界限消失，也有機會抓住跳出傳統網路商圈的消費者。將來隨著這三大商城的競爭愈來愈白熱化，在上頭開店的好處可能也會跟著消失，自家網站與開在商城裡的店鋪在銷售實力上或許將不再有差別。

在日常生活中養成尋找暢銷搜尋關鍵字的習慣

營業額和集客力會因不同關鍵字而大不相同

如同在初級篇說過，進行 SEO 時「詞彙選擇」非常重要。什麼樣的搜尋關鍵字才能吸引到消費者？尤其最近，像是增加被連結或增加登錄網站之類 SEO「密技」手法已經不管用了，使得在檢討搜尋引擎的對策時，容易出現在搜尋結果前幾名的「詞彙選擇」就顯得格外重要。

舉例來說，如果想用「領帶」這個搜尋關鍵字來吸引消費者，即使明擺著要用關鍵字「領帶」來搶攻搜尋結果的前幾名，也因為競爭對手太多，很難排在搜尋結果的最前面。這麼一來，不管花再多時間也無法將消費者引導至網站，想靠這個關鍵字提升營業額，本身就變得難如登天。然而，如果因為這樣，就把目標鎖定在「領帶　打法」這組搜尋關鍵字也毫無意義。因為到了會搜尋「打法」的階段，通常手邊已經有領帶，所以就算以這組關鍵字出現在搜尋結果的前面，幾乎也無法提升營業額。如此看來，「領帶　網購」、「領帶　父親節」等搜尋關鍵字對營業額還比較有直接的幫助。即使同樣是複合關鍵字，營業額和集客力也會因不同組合而大不相同。

以「挖掘新詞彙」的心態尋找搜尋關鍵字

為了找出對營業額有幫助的搜尋關鍵字，必須養成從各種不同的角度把詞彙抓出來的習慣。你當然可以利用網路上既有的工具，也可以與朋友聊天，或是傾聽實際使用商品的使用者心聲，試著用各種方法來蒐集詞彙。如果是平凡無奇的詞彙，早就被其他競爭對手當成搜尋關鍵字，靠 SEO 擠進搜尋結果的前幾名，因此這種詞彙絕大部分都已經慢上好幾拍了。請抱著「挖掘新詞彙」的心態，找出能在網路上暢銷的搜尋關鍵字。

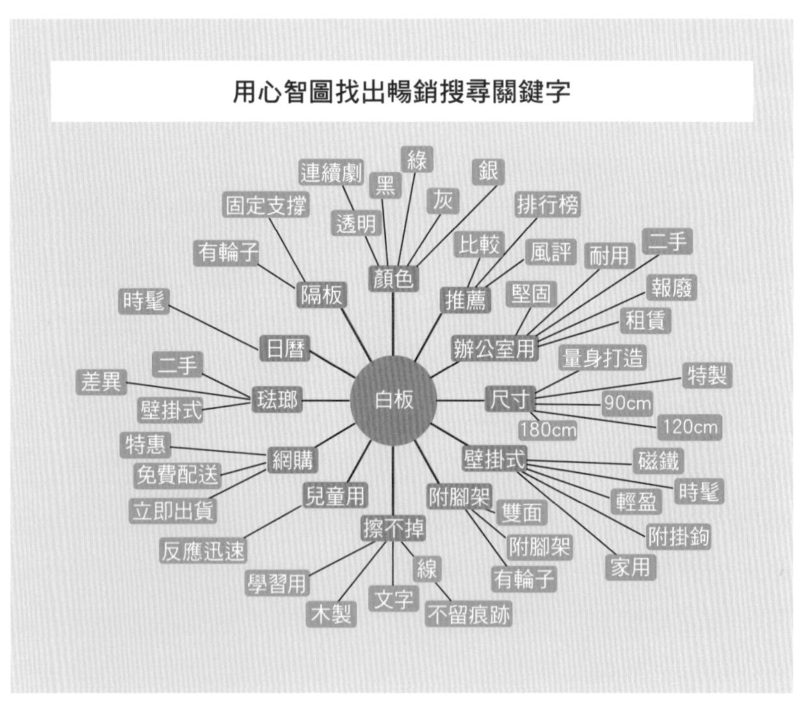

重點在這裡！

如左頁的圖示，試著以心智圖的形式找出搜尋關鍵字。相對於「白板」這個主要關鍵字，運用樂天市場、Amazon、Yahoo、Google 的搜尋引擎，將常見的複合關鍵字列成清單，然後再運用 Good Keyword（參照 P.108），列出更詳細的複合關鍵字。

倘若無法在這個階段找出令人眼睛為之一亮的搜尋關鍵字，不妨上「Yahoo 奇摩知識 +」等 Q&A 網站尋找關鍵字。附帶一提，左頁圖表中用四邊形的框框圍起來的關鍵字是從 Yahoo 奇摩知識 + 找到的複合關鍵字。會有「白板　透明　連續劇」這個搜尋關鍵字，是因為在「Yahoo 奇摩知識 +」出現過好幾次「想要那種出現在電視連續劇裡的透明白板」這種問題，表示在網路上可能會有商機。

另外，「白板　線　不留痕跡」則是想換白板的人多半會在「Yahoo 奇摩知識 +」提出的問題：「這次想換成不會留下線條痕跡的白板」，因此可以認定會暢銷的可能性很大。

綜合以上所述，用心智圖來挖掘搜尋關鍵字，或許還能發現自己想像不到的搜尋關鍵字。

製作出生意好的手機網站

「響應式網站」與「智慧型手機專用網站」何者較優？

手機網站有以下兩種：

- **自動將現有的電腦版網站切換成手機用的「響應式網站」**
- **另外製作一個專門供智慧型手機瀏覽的「智慧型手機專用網站」**

響應式網站是用跟電腦同一個網站的素材製成，因此在管理、運用上很輕鬆。然而，對於用智慧型手機上網的使用者而言，卻不是最理想的網站，網站看起來可能會很吃力是其缺點。

相較之下，「智慧型手機專用網站」則不受電腦版網站的設計或架構影響，因此網頁的呈現就算用智慧型手機瀏覽也不會感覺到壓力。然而，必須同時準備電腦版網站和手機網站的網頁，所以得花兩倍的心力在管理、運用上。

通常大家都不曉得該用哪一種比較好，但因為自家網站具有商品實力，即使用「響應式網站」也能把商品賣出去。如果是人手較少、預算比較吃緊的自家網站，不用勉強自己製作智慧型手機專用網站。不過，考慮到用手機上網購物的人口愈來愈多，將來可能還是得製作智慧型手機專用網站。一旦營業額成長到人力、時間與經費都有餘裕之後，不妨可以製作智慧型手機專用網站，藉此提升來自手機的營業額。

連結少一點，頁面長一點

製作智慧型手機專用網站時，請盡量減少要連結的網頁。要是做得跟電腦版網站一樣，利用連結跳到另一個網頁的構造，會導致消費者看到一半就跳到別的網頁，而看不到原本的網頁，可能會錯失商機。為了不要變成這樣，請盡可能減少連結。另一方面，因為用手指很容易捲動網頁，請盡可能把網頁做得長一點。

經營網路商店的人，由於一天到晚都對著電腦螢幕，比起智慧型手機，總是會優先考慮電腦畫面或使用電腦的方便性。但這種馬虎的心態，絕對無法提升手機網站的營業額。要是不鐵了心，就無法製作出生意好的手機網站。你不如下定決心：「我要讓消費者只從手機網站購買，即使捨棄電腦版網站全部的營業額也在所不惜！」

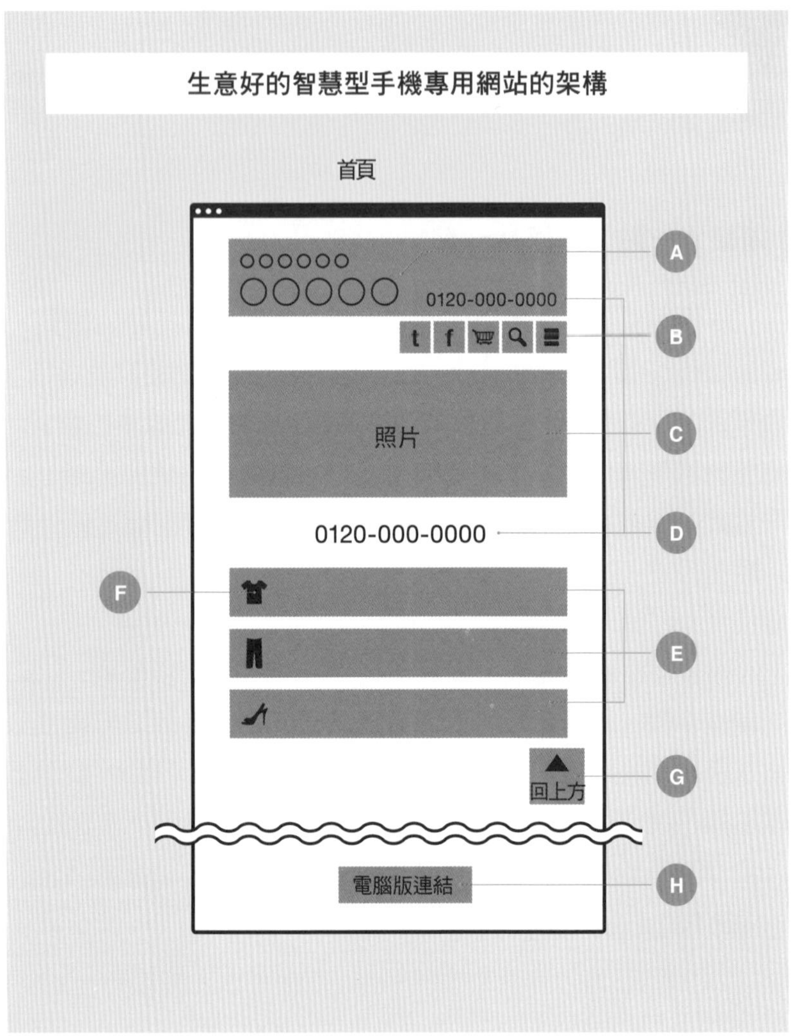
生意好的智慧型手機專用網站的架構
首頁
○○○○○○
○○○○○
0120-000-0000
t
f
照片
0120-000-0000
回上方
電腦版連結
A
B
C
D
E
F
G
H

A 首圖做得大一點。店名最好能讓人一眼就知道網站賣什麼，不然就得把「網購」詞彙加到文案裡。例如「廚房用品購物網站」、「狗糧網路專賣店」等等。

B 功能選單或搜尋符號等圖示要做得大一點、一目瞭然。圍上邊框，做成跟按鈕一樣，讓使用者想要「按下去」。

C 主要的照片要做得大一點。照片要讓人第一眼看到就知道網站在賣什麼。

D 大大的放上電話號碼。做成只要按一下就能撥打的連結。

E 智慧型手機很容易按錯。如果放上一排下拉式選單或太小的按鈕圖示，很容易產生壓力。依項目分類，設置成一排排大一點的橫幅式按鈕會比較便於操作。

F 將橫幅式按鈕設計成淺顯易懂的特殊符號，有助於消費者找到商品。

G 手機網站會成為長條型的網頁，因此要設置「回上方」的按鈕，讓人隨時都可以回到網頁的上方。

H 也有人會想要看電腦版網站，所以請設置電腦版網站的按鈕。

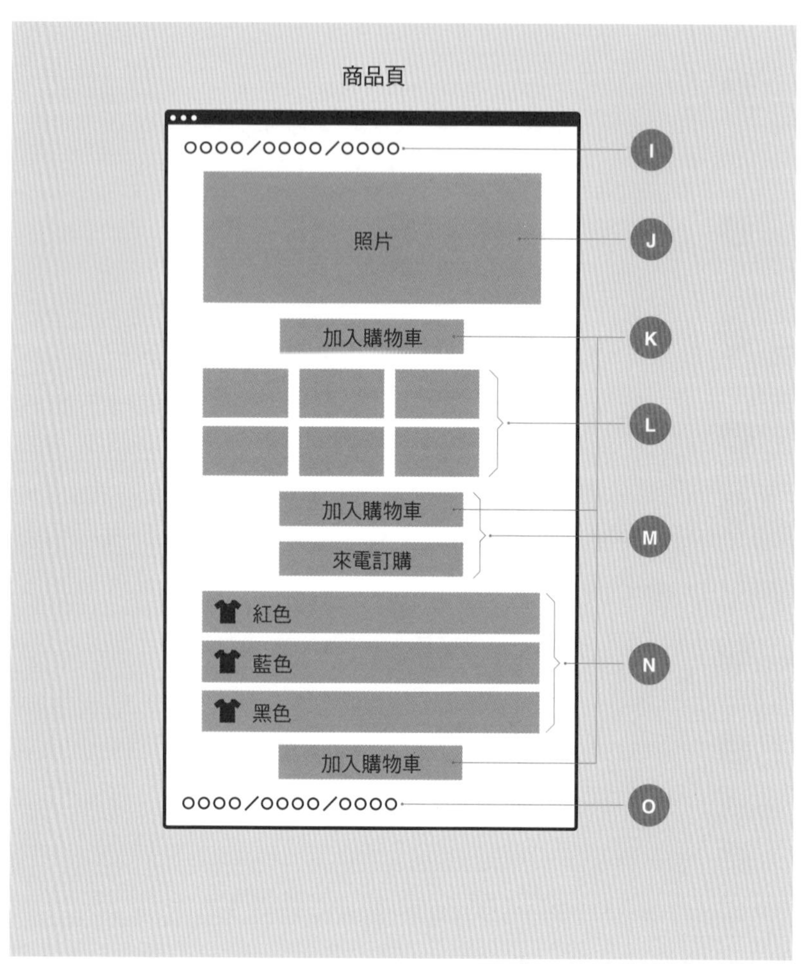
商品頁
OOOO/OOOO/OOOO
照片
加入購物車
加入購物車
來電訂購
紅色
藍色
黑色
加入購物車
OOOO/OOOO/OOOO
I
J
K
L
M
N
O

I 手機網站很容易搞不清楚自己目前看到哪一層的網頁，所以請設置導覽路徑。

J 消費者會上手機網站，有比較高的機率是真的想要購買，因此比起概念式的圖片，主圖最好挑選讓人一眼就能理解整個商品的圖片。

K 當商品頁的網頁太長時，請把購物車按鈕分別設置在上中下三個地方。

L 盡可能多放一些細節照片。但是要控制在不會拖慢網頁顯示速度的範圍內。

M 將「來電訂購」設置在購物車按鈕下方。如果能再加上「用 LINE 洽詢」的按鈕將更加理想。

N 倘若商品有不同顏色、尺寸，不要用下拉式選單來讓消費者按，而是改用橫長的橫幅式按鈕讓人選擇，可以讓消費者用手機購物時比較沒有壓力。不同於電腦版網站，手機網站用大拇指就能輕鬆捲動網頁，因此對於縱長的網頁並不會感受到太大的壓力。

O 在網頁的最後放上導覽路徑，有助於跳到其他商品頁，亦可延長消費者停留在網站上的時間。

重點在這裡！

手機網站是用手指滑動頁面，所以做成長網頁比較不會讓人感覺到壓力。反而是按下按鈕的「點擊」可能要用雙手按，或是可能會因為訊號問題導致連結斷訊，因此做成頁數少、縱長的網頁方為上策。

不過，要是塞進太多文字，會變得不易閱讀，文字連結也比較不容易被點擊。因此行距與字距最好空得比電腦版網站大一點。

還有，商品數量太多的話，也可以加上搜尋框，但是可能會打錯字或打不出候補的關鍵字，所以讓消費者自行輸入文字來搜尋商品的話，可能會產生很大的壓力。倘若商品數量或種類不多，建議只要放上橫長的大型橫幅式連結就好了。

比起技術，「要不要做」SEO 的決策更重要

SEO 的手法全都不出「推測」的領域

自家網站的集客手法主要以 SEO 為大宗。利用 SEO，想辦法讓自家網站顯示在搜尋結果的前幾名。然而，只要 Google 一天不正式公布 SEO 的演算邏輯或規則，SEO 的手法就全都跳不出「推測」的領域。也就是說，世界上不存在「這麼做就能確實出現在搜尋結果前幾名」這種決定性的技術。再加上搜尋引擎的規則每天都在變化，經營網路商店的人也必須隨時更新知識技術才行。直到上個月都還適用的技術，很可能從這個月開始突然不能用了；自己的網站直到昨天都還排在前幾名，突然掉到三～四頁以後也不是什麼稀奇的事。

為了要和這麼難以捉摸的 SEO 和平共處，就得找出屬於自己的一套 SEO 運用法則。要是除了 SEO 以外，你還有其他集客方式，不用特別做些什麼，自己的網站就能排在前幾名的話，最好與 SEO 保持適當距離即可，不必深入。既然再深入也無法指望有更大的集客效果，不妨看完一本 SEO 相關書籍就停下來，站在靜觀其變的角度與 SEO 和平共處比較好。

要做就要每天努力，不然就另找他法

相反的，倘若你只有 SEO 這個集客方法，就請多看點 SEO 的書、參加研討會或讀書會，徹底學習 SEO 的知識技術。一旦累積了足夠的技巧，就能看懂值得信賴的 SEO 業者的部落格或臉書，將其當成標竿，或許就能掌握到 SEO 的最新資訊。

不過，請注意不要蒐集太多 SEO 的資訊。SEO 的思考模式和方針因人而異，是永遠存在著正反兩面資訊的。要是照單全收，可能會焦慮到不知該從何著手才好。一旦下定決心「我相信這種做法」，就要八風吹不動的執行到底。

「想到就做」的 SEO 最不可取。既沒有情報、成果、預備知識，也不去學習 SEO，以為光靠小聰明就能提升搜尋結果的順位，而不每天努力面對 SEO，這樣的人是不會有贏面的。要是在意搜尋結果的順位，就應該每天努力；要是沒有時間或金錢能投入 SEO，就應該懂得放棄，摸索別的集客方法方為上策。

說得極端一點，先讀一本 SEO 的書，如果覺得「這玩意兒很有趣」再將 SEO 加到行銷手法裡也不遲。相反的，看完一本 SEO 的書，如果覺得「有時間做這麼麻煩的事，還不如用別的方法來集客」、「太難了，根本看不懂在寫什麼」，就表示這套知識技術並不適合自己。這時請不要深入研究 SEO，轉而尋求別的行銷手法，才能對營業額有所助益。

高級篇

即使單月營收 100 萬日圓以上，也還有成長空間的絕招

以下將為大家整理細緻的知識與技術。雖然有點麻煩，但只要照做，必定能提升營業額。其中也會介紹到臉書或聯盟會員等行銷手法，可能會讓人覺得「這也算高級篇？」然而，這些行銷工具所運用的技巧非常深奧，除非翻越初級篇與中級篇的山頭，否則無法實踐。過去你可能不經意的使用一些技巧，但只要換個角度思考，就會有很多有助於提升營業額的新發現，因此請不要掉以輕心，讀到最後一頁吧。

有些網路商店適合臉書，有些則否

臉書對自家網站來說，是眾人矚目的行銷工具。這款能將人與人巧妙聯繫起來的溝通工具，不管是在集客還是培養顧客上都可以發揮作用。

然而，現況是許多人都不知道該如何運用臉書做生意。企業使用「粉絲專頁」，但在上面刊登新商品或特賣會訊息卻沒有人分享，個人臉書也只有朋友會追蹤，完全感覺不到任何抓住新客戶的可能性——有這種煩惱的人其實大有人在。

到處都有賣、資訊欠缺話題性的商品不適合臉書

這裡必須理解到一點，商品分兩種，有些商品適合臉書，有些則否。所謂適合臉書的商品是指「賣方有個性，且提供的資訊能得到共鳴」。舉例來說，販賣日本酒的老闆透過臉書談酒的知識，這種資訊容易得到消費者的共鳴，因此就能有效的運用臉書。相較之下，所謂不適合臉書的商品，指的是到處都有在賣，再加上提供的資訊欠缺新聞性的商品。例如同樣都是日本酒，如果是以低價販賣知名品牌日本酒的網路商店，即使在臉書上散發訊息，由於訊息本身平凡無奇，很難讓消費者產生興趣。

「既然都知道有在賣便宜的日本酒，難道不能用臉書把情報擴散出去，藉此增加消費者嗎？」

我猜很多人都會這麼想，但臉書原本就不是宣傳、廣告的平台，所以散播這種推銷型的訊息很容易被敬而遠之。

臉書是串連「人」與「人」的工具

消費者原本就不是為了獲得優惠訊息才玩臉書的。臉書上寫滿特賣會或新商品資訊，當然無法吸引消費者，更無法將消費者變成粉絲。

臉書頂多只是把人與人「串連起來」的工具，而不是把「人」與「商品」串連起來的工具。如果要用臉書提升自家網站的營業額，首先要強調賣方的個性，提供能讓消費者產生共鳴的獨特資訊才行。

不適合運用臉書的網路商店

不適合用臉書行銷的條件	原因	不適合用臉書行銷的網路商店
沒有實體店鋪	即使沒有實體店鋪也能運用臉書，但是沒有店面的話，上傳到臉書的照片內容會過於單調，稀釋內容的魅力。此外，對於追求真實資訊的使用者而言，沒有實體店鋪就欠缺真實感，當然也很難得到共鳴。	沒有實體店鋪、不零售、未舉辦與顧客交流的活動、著重價格或方便性、不具實體的服務業。
照片內容的品質太低	若無法用照片吸引消費者，就很難讓人按「讚」。因為無法讓人想像店家的模樣，粉絲就不會增加。	無法用照片表現出附加價值的商品、日常用品、辦公室用品、醫療、健康食品
並非即時的資訊	頻繁推出新商品，並提供商品的各種用法，像這種資訊比較能穩定上傳到臉書。另外，如果實體店鋪客似雲來，可以上傳琳琅滿目的資訊，消費者就不容易看到膩。反之，若資訊本身沒有變化，只提供一成不變的特賣會訊息，這樣的網路商店就不適合臉書。	金融業、大批進貨的健康食品、單一商品網購、米、製造業。

不適合用臉書行銷的條件	原因	不適合用臉書行銷的網路商店
缺乏獨特的「故事」可以讓消費者知道	倘若做生意的原因很平凡，也沒有足以與其他競爭對手做出區隔的亮點，並沒有想傳達給消費者的訊息，就算用臉書也無法打動消費者的心。	批貨來賣的商品、大企業製造的商品、工業產品、在超級市場就能買到的商品、正在增加商品數量的網路商店、以價格取勝的網路商店、沒想太多就繼承祖業的商業模式。
賣方的個性不夠鮮明	若無法讓消費者產生興趣、想要認識這個人，就無法建立密切的關係。臉書不適合用來進行表現不出個性的行銷。	老闆或工作人員不願意拋頭露面的網路商店、不用表現出個性也能以價格或方便性取勝的網路商店、販賣商品琳琅滿目的網路商店。

必須採取會讓人下意識按「讚」的策略

隨時注意要拍出「好照片」

如果要用臉書提升營業額，首先要掌握提供的資訊。臉書可藉由讓人按「讚」的行為，提高出現在使用者塗鴉牆（動態時報）上的頻率。

因此，首先必須思考怎麼做才能讓人按「讚」。舉例來說，看起來很歡樂的職場照片、開發新商品的模樣等等，會讓人覺得「好快樂」、「好有趣」的畫面比較容易吸引人按「讚」。另外，像是小朋友進行職場體驗的照片、工作人員在美景或和樂融融的氣氛下放鬆的照片等，特別去上傳容易讓消費者產生共鳴，也比較容易讓人按「讚」。

重點在於要隨時注意，盡量拍出「好照片」。無意義的照片、粗糙的照片無法讓人產生共鳴，也就不容易讓人按「讚」。上傳照片時，多去留意什麼樣的內容會讓人想要按「讚」，好讓消費者產生共鳴，願意頻繁來看臉書。

在提供資訊以前，要把重點放在與消費者建立感情

考慮到這方面的問題，希望大家能理解，一股腦兒不斷上傳新商品或特賣會訊息的臉書是毫無意義的，只會讓消費者感

到不悅。臉書固然是提供資訊的工具，但是在提供資訊以前，要把重點放在與消費者建立感情，才能成為行銷工具。

一旦透過臉書成功培養粉絲，就能把臉書當成電子報來用，並藉此建立好架構，讓消費者不斷購買商品。為了與顧客建立起上述的關係，必須有意識的透過臉書提供商店、商品及會讓人喜歡上賣東西的工作人員的資訊，以此做為行銷策略。

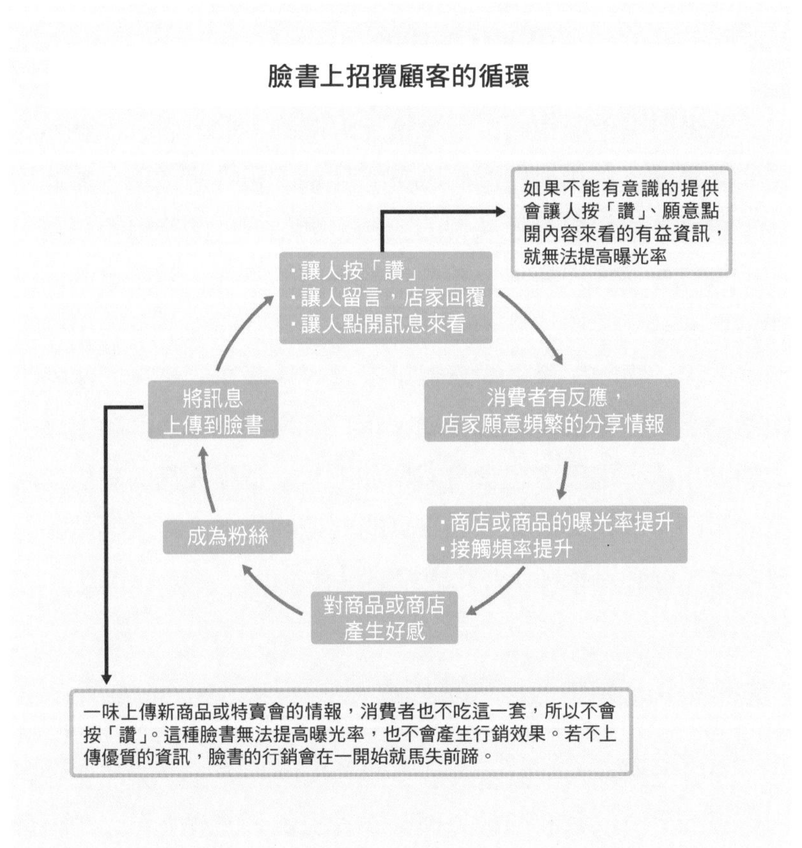

計畫性的增加臉書的追蹤者

「放著不管，追蹤者也會自然增加吧。」這種天真的想法是不會成功的

臉書與電子報相同，若不增加訂閱的「追蹤者」，就無法提升營業額。利用網路商店或實體店鋪的粉專來推廣，藉此增加追蹤者，可以說是最典型的方法。網站與部落格自不待言，在店內或接待客人時也要積極推廣臉書的存在，腳踏實地的增加讀者。

不過，要增加臉書的讀者可不是一件簡單的事。即使提供限量贈品或宣傳活動，每天頂多也只能增加個位數的追蹤者。「放著不管，追蹤者也會自然增加吧。」這種天真的想法以臉書的策略來說是失敗的。如果真的要把臉書納入自家網站的經營策略，就必須認真致力於增加追蹤者才行。

請先每天提供讀者感興趣的資訊

臉書是把「人」與「人」串連起來的地方，除非消費者對商店或商品真的很有興趣，否則不管提供再怎麼吸引人的限量贈品，也不會有人追蹤。因此，不是先增加臉書的追蹤者才開始擬訂集客策略，而是先調整好體制，每天都能提供讀者感興趣的有益資訊，讓人想追蹤那家公司的臉書後，再開始增加臉書的追蹤者，方為上策。

反過來說，若網路商店無法提供足以增加臉書讀者的有益內容，最好盡快從利用臉書提升營業額的策略抽身。不同於其他網路行銷，在臉書上，資訊品質的比重高於廣告費與行銷手法，並不是任何人都能勝任。

然而，只要能掌握提供資訊的訣竅，不必仰賴 SEO 或搜尋引擎廣告就能集客，此為一大優點，而且還能確實掌握優質的消費者。因此網路商店如果對提供的資訊有自信，請務必實踐這套行銷手法。

增加臉書追蹤者的 10 個方法

☑ **從其他的社群網路吸引過來**

在推特或 Instagram 上定期推廣臉書。

☑ **從部落格或電子報吸引過來**

在部落格的最後放上臉書的追蹤按鈕，也要在電子報裡介紹臉書。

☑ **從實體店鋪吸引過來**

在接待客人的時候宣傳，或利用店內的海報告知。不過，如果同時有好幾種社群網路，最好將火力集中在其中一種。

☑ **確實將個人簡介寫好寫滿**

確實將個人簡介寫好寫滿，追蹤者也會比較放心。

☑ **透過臉書訊息接受追蹤者的諮詢**

透過接收訊息，與追蹤者保持聯繫。

☑ **以留言的方式仔細回答**

仔細回覆留言，與追蹤者保持聯繫。

☑ **努力讓讀者想按「讚」**

自己先去目標追蹤者的臉書按「讚」，藉此提升與追蹤者接觸機會。

☑ **發文內容要保持一貫性**

統一發文內容，消費者也有較明確的理由成為追蹤者。

☑ **頻繁的發文**

上傳的文章愈多，愈能增加吸引到追蹤者的機會。只不過，切忌毫無意義的大量發文。

☑ **在粉絲專頁上提供限量贈品**

提供服務或優惠券，按「讚」就能免費得到，藉此增加追蹤者。

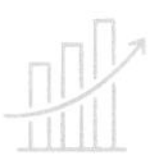

利用個人臉書縮短與消費者的距離最理想

積極在現實生活中與人建立關係

利用臉書增加追蹤者還有一個方法，那就是在真實世界中腳踏實地的與消費者接觸。如前所述，臉書是把「人」與「人」串連起來的工具。因此只要單純繼續「交朋友」的行為，就一定能增加臉書的追蹤者人數。

想增加朋友，就要積極出席眾人聚集的場合。就算只是社區活動也無妨，或是經營者齊聚一堂的讀書會也無所謂。在這種場合，請積極與身邊的人聊天，腳踏實地的增加臉書上的追蹤者。

另外，如果有實體店鋪，積極舉辦活動，製造與消費者接觸的機會也是個好辦法。一旦有人參加，就請對方追蹤那家店經營的粉絲專頁，或是追蹤經營者本人的個人臉書，自己也要抱持跟消費者交朋友的心態，積極的增加追蹤者。

比起「提升營業額」，更重要的是「交朋友」的心態

以這種方式增加粉絲的臉書，最好注意盡量提供些私人的資訊。重點在於你提供的資訊可以讓追蹤者把你當成「人」來喜歡，例如私生活、小孩子、興趣等等。然後在這些個人情報

中，不著痕跡的插入店家資訊、商品資訊，藉此集客或販賣，將消費者誘導至自家公司。這種臉書用法就能提升網站的營業額。

上述的臉書操作手法，是最自然的社群網路使用法，也可以說是最容易導入網路商店的行銷方法。在經營臉書的時候，比起「提升營業額」的念頭，更重要的是「結交許多朋友」的心態，對於規模較小的自家網站而言，也是比較沒有壓力，又能提升營業額的方法。

放在個人臉書上容易吸引人按「讚」的照片

1 當季的風景照

2 美食照或很珍稀的食物照片

3 開心的照片，有笑容的照片

4 可愛動物的照片

5 引人注目的特殊照片

6 開心的職場照片

重點在這裡！

刻意將比較容易吸引人按「讚」的照片上傳到臉書，再不著痕跡的插入工作照片或商品照，就能讓人按「讚」。這麼一來，商業目的的資訊就變得不那麼明顯，能自然將商店或商品資訊提供給消費者。不過，露骨的商品資訊或活動資訊會招來反感，所以請務必留意照片的視覺效果，同時不著痕跡的提供資訊。

個人網頁	粉絲專頁
• 可以用本名註冊 • 朋友上限為 5000 人 • 一旦成為朋友，就能對個人按「讚」或是留言 • 不能打廣告 • 不能使用管理介面 • 只有登入臉書的人才能看到 • 沒有 SEO 的效果 • 顯示的訊息會隨「邊際排名」變動	• 可用本名以外的公司名稱或服務名稱註冊 • 無法提出交友申請 • 按「讚」的人會自動成為粉絲 • 粉絲人數無限制 • 一旦按「讚」就會出現在動態消息上 • 可使用廣告 • 可使用管理介面 • 不用登入就看得見 • 具有 SEO 的效果

利用臉書廣告不斷獲得新客戶的方法

為增加臉書的新追蹤者，並將消費者從臉書誘導到網路商店，善用臉書內的廣告也是個好辦法。不過，要理解臉書廣告的架構與系統是非常困難的一件事，除非有過使用網路廣告的經驗，否則還是會有些難以處理的地方。如果你有一些餘裕，足以支付一定程度的廣告費，且未來想將社群網路當成集客場所，接下來會講解運用臉書廣告的方法。

重視外觀，活用照片讓消費者變成粉絲

首先，臉書的廣告策略跟一般用臉書做行銷一樣，將重點放在讓人按「讚」，成為粉絲即可。從臉書把人誘導到網路商店購買商品，讓人註冊成為電子報的會員也是個方法，但是應該要先與消費者在臉書上建立親密的關係再展開行銷，因此，首先請把臉書廣告的重點放在讓人按「讚」，成為粉絲這點。

但再怎麼說，臉書廣告終究還是「廣告」，平凡無奇的資訊內容是無法讓人按「讚」的。不妨把讓人感興趣的照片放到臉書廣告上，讓人覺得「如果是這張照片裡的觀點，就算是廣告也想瞧瞧」，以重視外觀的行銷來吸引消費者。

舉例來說，如果是販賣機加酒套裝行程的網路商店，與風景照一起放上目的地遊記的部落格連結是個好辦法。另外，如果是販賣調味料的網路商店，連到在戶外開心烤肉的網頁，並

介紹在野外做飯的食譜內容，讓人按「讚」，這種廣告內容也比較容易引起共鳴。

雖然會演變成長期抗戰，但能獲得關係長久的忠實顧客

由此可知，只要能積極利用廣告來蒐集「讚」，提供的資訊能讓讀者產生親切感，就能讓讀者晉升為購買者。然而，要是不知道如何獲得消費者的共鳴，在表現手法的階段就會迷失方向，即便推出臉書廣告也無法培養粉絲。此外，不同於直接讓消費者購買的搜尋引擎廣告，臉書廣告要把人變成購買者需要一點時間，可以說是需要一點時間才能發揮提升營業額效果的手法。

這雖然是個需要長期抗戰的廣告手法，但優點是能獲得關係長久的忠實顧客。如果是需要培養粉絲、抓住回頭客的自家網站，就必須熟悉臉書廣告的運用。

臉書廣告的驗證結果

1

2

部下や従業員が一番不安なのは１年の見通しが立っていないから。
従業員の「やる気」がボカンと上がる竹内謙礼70分間みっちり解説CD付き

先行予約。竹内謙礼の2016年売れる予測力…
詳しくはこちら
goo.gl

3

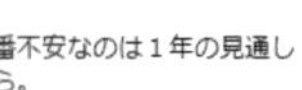

部下や従業員が一番不安なのは１年の見通しが立っていないから。
従業員の「やる気」がボカンと上がる竹内謙礼70分間みっちり解説CD付き

先行予約。竹内謙礼の2016年売れる予測力…
詳しくはこちら
goo.gl

重點在這裡！

我曾經在歲末年終限量販售的「預測年曆」上使用過前一頁①～③的臉書廣告。其中反應最好的是①的影片。我想主要的原因是製作出來的影片品質非常高，剛好投進臉書使用者的好球帶。

反應第二好的是②的廣告。由於反應比把文案加到照片裡的③還好，可見臉書還是以秀出照片，簡單大方的廣告方能得到比較好的反應。

臉書廣告的文案或說明請盡可能做得精簡一點。此外，與搜尋引擎廣告相同，登陸頁面做得夠不夠精緻是勝負關鍵。不妨參考其他網路商店的臉書廣告，製作會暢銷的登陸頁面。

不過，這次的資料除了臉書以外，我也在電子報及部落格上推廣。因為工作的關係，事前培養粉絲相當成功。假如目的是要利用臉書吸引到新的顧客，請不要一下子就想把商品賣出去，而是要將消費者誘導到粉絲專頁，促使對方按「讚」以後，再推出臉書的廣告策略會比較好。

【資訊提供】豐田 Net Advance
http://toyotanetadvance.com/

一旦闖出知名度，就能用推特展開集客的宣傳活動

太短的文章不易表達商品的優點或好處

推特是種把字數限制在140字以內的短文投稿工具。也有人提出要廢除字數的上限，但是「輕鬆發表簡短的文章，讓人輕鬆閱讀」的特性，正是推特與臉書、部落格最大的不同，不難想見今後還會有很多使用者用推特來發表文章。

不同於其他社群網路，由於推特有字數限制，其所表現的內容無論如何都會有極限。因此要讓使用者透過文章來理解商品或特賣會內容，並產生興趣、跳轉到商品頁其實是很難的，這就是要將推特當成網路商店的行銷工具，有些難以操作的地方。再者，推特具有高度的匿名性，使用者在閱讀的時候通常都很散漫，精神不集中，所以不太適合培養顧客群。這點也是網路商店至今還無法有效運用推特的主要原因之一。

規模比較小的網路商店即使在推特上發布行銷企畫，由於市面上的能見度不高，無法順利吸收到有意購買的消費者。因為太簡短的文章很難讓人了解小公司的優點或好處，所以不容易用推特表達。另一方面，若沒有將推特上的消費者誘導到臉書、部落格或電子報，這樣的行銷很可能以無意義收場。徒然聚集到一批消費者，但除此之外一無所獲。

以推特吸引有意購買的消費者，以臉書培養顧客

如果要用推特做行銷，比較適合已有知名度的企業或商店，將其當成宣傳工具，吸引有意購買的消費者。這樣的行銷手法會比較有效率。舉例來說，知名食品廠商如果要在官方網站上推廣有電視廣告的商品企畫，就算簡短的文章也能輕易表現出商品價值及優點，可以吸引到有意購買的消費者。這時，只要善用推特上的廣告或其他網路媒體，就更容易吸引到有意購買的消費者。

推特這樣的特性，就連反應比較遲鈍的大企業的網路商店也能善加利用。若想好好利用社群網路來吸引有意購買的消費者，先用推特吸引有意購買的消費者，再以臉書培養顧客。試試看這樣的流程，說不定會有好的結果。

社群網路的行銷特徵與適合的網路商店

社群網路的種類	特徵	適合的網路商店
推特	由於可表現的字數較少，推薦給已有企業知名度的網路公司。如果不編列廣告費或預算，大規模展開宣傳活動，就無法產生槓桿作用。	較知名的大型企業網路商店。在有利基的業界具有知名度的網路商店。
Instagram	必須要有高度的表現能力，能夠用照片表達觀點，讓人愛上。不適合不善於表達的人，或不熟悉智慧型手機的中老年人。	經手獨家商品的網路商店，或販賣流行服飾、雜貨、甜點等，在視覺上具有優勢的商品。
LINE	由於此溝通工具廣泛運用在私人生活中，較不容易被消費者接受為其難處。然而，若與顧客的關係夠密切，就能用 LINE@ 來布下包圍網。只要是對使用者大有好處的資訊，就能讓對方加入 LINE 好友，建立關係。 適合商品或服務的目標客層為網路熟悉度比較低的族群，例如女性或小孩等。此外，提供給中低收入戶的服務能夠發揮巨大的行銷效果是其特徵。	販賣地緣關係較強、使用頻率較高的民生必需品的網路商店、鎖定年輕人的流行服飾、雜貨相關的網路商店。
臉書	可以發表照片或文章，不會特別偏重哪者。只要與使用者的關係夠緊密，不需要像 Instagram 那麼高的創造力。若能善用提供給企業的「粉絲專頁」，還能進行以營利為目的的行銷。	不適合沒有附加價值的商業模式、日常用品或量販品。

圖象為王，用 Instagram 吸引消費者

重點在於要拍出能表達獨特觀點的照片

Instagram 是能確實增加使用者的照片版社群網路。能善用這個行銷工具的網路商店，會把火力集中在較容易用外觀呈現的商品上。珠寶、成衣、雜貨或家具等用照片呈現會讓人覺得好看、嚮往的商品，是用 Instagram 行銷的大前提。相反的，有些商品拍成照片也無法傳遞任何訊息，像日用品或電腦的周邊產品，最好認清這種照片在行銷上不會有任何效果。

至於如何運用 Instagram，首先照片要能表達自家商品擁有什麼獨特的觀點。用「Instagram　熱門　商店」之類的關鍵字上網搜尋，就能找到善用 Instagram 的商店。可以參考那些店的照片，先試著自己拍照，對照片進行加工。

要特別注意，照片的類型必須盡可能統一。舉例來說，販賣家具的網路商店明明在 Instagram 上一直以來都是放家具照，有次突然上傳小孩的照片，可能就會讓人感覺有些突兀，與過去建立的印象有出入，導致消費者失去興致。為了不讓事情演變成這樣，請持續以同種商品類型的照片來統一風格。

「如何選擇主題標籤的關鍵字」是集客關鍵

Instagram 的集客方法，是用「主題標籤（#）」插入關鍵字的架構。當使用者用某關鍵字搜尋，圖片就會出現在搜尋結果。因此關鍵字要怎麼選，圖片才能被搜尋到，就是 Instagram 的集客關鍵。舉例來說，在 Yahoo 或 Google 上用「書房　古董」這個關鍵字搜尋的話，表現太過於抽象，就算出現在搜尋結果的前幾名，也無法讓營業額成長。然而，若是在 Instagram 上搜尋，因為真的有消費者在尋找古董風書房的照片，所以只要讓他們看見自己想要的書房家具或雜貨，就能吸引他們訂購。

除此之外，Instagram 比較容易與臉書、推特連動，也能在部落格上刊登有強力訴求的照片。倘若網路商店經營者對其表現力有自信，就能充分運用 Instagram 作為行銷工具。

Instagram 是用照片表達商品優點的社群網路，因此不會有語言障礙，適合用來行銷銷售至海外的商品。既不需要精心製作網頁，也不用大力寫文案，因此你可以視商品或服務，把 Instagram 當成集客工具，試著架構自家網站的商業模式。相信這是不錯的選擇。

如何利用 Instagram 將消費者吸引到自家網站

Ⓐ 在 Instagram 上只能刊登一個網站的 URL。要是喜歡照片，使用者就會從那裡連過去。

Ⓑ 放上想販賣的商品照片，最好統一照片的商品類型。

Ⓒ 為每張照片加上「#」(主題標籤)。這麼一來，當讀者檢索這個關鍵字時，照片就會出現在搜尋結果中。

此外，Instagram 與臉書一樣都有「讚」的按鈕，因此可以從按讚的數量判斷照片的評價。順帶一提，一張照片配上 5 ～ 10 個主題標籤最理想。還有，如果在 Instagram 找到相同的商品或同類型的照片進行追蹤或留言，還能增加追蹤者。

Ⓓ 這是在 Instagram 上用「竹內謙禮」搜尋到的照片，上面全都是我的著作。由此可見 Instagram 用在搜尋圖片的實用性很高。

重點在這裡！

據說上傳照片到 Instagram 的人，有七成都會先對照片加工再上傳。所以不只是照片的類型，加工條件也要統一，才能讓所有照片有整體感。網路商店上傳的照片中，工作人員在家使用商品的模樣或畫面，消費者的評價通常都會比較高。

行銷手法方面，可以從開賣的前一～兩周，就持續上傳新商品資訊或使用方法的照片。並觀察 Instagram 的按「讚」數量，掌握熱門商品、使用者瀏覽的時段、客層等狀況，決定販賣商品的優先順序。

此外，也可以善用 LINE 接受諮詢，所以最好設置 LINE 的窗口。

年輕女性消費者會很在意能否拍出亮眼的 Instagram 照片，在潛移默化中便會影響其行動，所以可以主動舉辦 Instagram 美圖的攝影會。

多花點心思在 LINE 的應對上，將消費者培養成粉絲

友善應對，就是爭取好顧客的良機

使用起來毫無負擔，充滿討喜的貼圖，使得 LINE 轉眼間就成為普及的交流工具。然而，由於私密性較強，使用者比較容易對行銷或宣傳表現出排斥的情緒。

不過，反過來善用這種性質也是個方法。舉例來說，在與網路商店聯絡的方法裡加入 LINE，就能增加慣用 LINE 的消費者對商品提出問題。只要好好回答問題，給予友善又愉快的回應，就能掌握住機會，將消費者培養成粉絲、好顧客。尤其 LINE 多半都是年輕人在用，通常都是以簡短的留言傳送訊息。切勿對這些簡短的留言隨便應付過去，而是該好好的應對，藉此將對方變成這家店或工作人員的粉絲，請務必將此作為行銷手法之一。

想用 LINE 提升造訪頻率，情報請以特價資訊為主

如果是擁有實體店鋪的網路商店，從實體店鋪將消費者誘導到 LINE 也是一種手段。只要推出好禮大放送的宣傳活動，讓消費者將這家店的 LINE 加為好友，就能一次把訊息發送出去，更能將消費者誘導到網路商店或實體店鋪。只不過就 LINE

而言，比起提供商品資訊或內容的情報，消費者對特賣會或優惠情報的反應比較好。要是沒有「拜這個情報所賜賺到了」的感受，就找不到刻意用 LINE 來加入好友的價值。基本上，請以特賣會的資訊為主，將其當成提升造訪頻率的行銷工具，加以活用。

可以在網路商店活用的「LINE@」方案（2016 年 4 月）

		免費方案	付費方案
每月費用		0 日圓	5,400 日圓（含稅）
群發訊息傳送數量	每月群發訊息則數	每月 1,000 則以內	無上限
功能	群發訊息	○	○
	動態主頁	○	○
	圖文訊息	×	○
	1 對 1 聊天	○	○
	宣傳頁面	○	○
	宣傳頁面內的廣告欄位／不顯示特別推薦的欄位	×	○
	優惠券功能	○	○
	調查功能	○	○
	LINE 點數卡	○	○
	LINE 美食預訂	只有帳號通過認證的餐飲店才提供	
	網購功能	手續費為販賣價格的 4.98%	
	數據資料庫	○	○

搜尋引擎廣告的運用請花上一年的時間好好研究

競爭愈趨激烈，操作具有難度

所謂搜尋引擎廣告，指的是與搜尋關鍵字連動出現的網站廣告。若說是出現在Yahoo或Google的搜尋結果前幾名的廣告，大家應該就比較有概念了吧。

然而，搜尋引擎廣告在運用上變得比以前困難許多。其中一個原因就出在隨著競爭對手增加、點擊單價上漲，對價效果變得不划算了。再加上手機網站上的廣告欄位比較少，使得最近的地盤之爭愈演愈烈，報酬率不夠高的網路商店很快就會處於虧損的狀態。此外，由於操作廣告的管理後台頻繁改版，愈來愈多網路商店跟不上最近情報或使用方法，在操作上變得有心無力。

若想利用搜尋引擎廣告提升營業額，與其他網路行銷的工具一樣，重點在於要明確的做出「要做」還是「不做」的決定。由於網路上有很多搜尋引擎廣告的使用或操作法的資訊，如果選擇「要做」，即使是外行人也能學習。學習的場所和教材也多如恆河沙數，例如研討會或書籍等等，只要有毅力學習，就能累積操作廣告的經驗值。

不過，就算知道做法，還是要花點時間，才能抓到投資的直覺，例如要投入多少廣告費，才能賺多少錢。聽起來可能有點籠統，但可能要花上一年到一年半的時間，反覆從錯誤中嘗試，直到掌握操作廣告的訣竅才行。

如果選擇「不做」，就絕不能對搜尋引擎廣告出手。沒有明確搜尋關鍵字的商品、競爭對手眾多的商品只會不斷浪費廣告費，所以最好採取不使用搜尋引擎廣告的方法來擬訂策略，方為上策。

最好先試著靠自己的力量操作，然後再交給廣告公司

對搜尋引擎廣告完全不學習，只是不停的投入無濟於事的廣告費是最不應該的做法。網路廣告必須在精密的計算與豐富的經驗下才能回本，沒有知識的人，光憑感覺隨便投資是不會有好結果的。此外，在沒有知識與經驗的情況下，把搜尋引擎廣告的操作全部丟給廣告公司的話，就無法做出怎麼操作的指示，也無法判斷廣告公司是否妥善運用，最後只會落得投資一堆廣告費卻無疾而終的下場。

理想的搜尋引擎廣告運用方法，是先靠自己的力量操作看看，掌握住訣竅之後，再交給願意好好操作的廣告公司。然後與廣告公司一起觀察數據，花上 1 ～ 2 年找到最適合自己的操作方法。

搜尋引擎廣告與一般廣告的差別

	一般廣告	搜尋引擎廣告
刊登廣告與廣告費的關係	A社 B社 C社 D社 【例】 1格10萬日圓 一旦決定好要刊登的地方，廣告費就能固定下來	A社 B社 C社 D社 每點擊一次的單價設定得愈高，就能出現在反應愈好的前幾名。
管理方法	刊登之後就不管了	刊登以後的單價還是有可能會因為競爭提高，所以必須隨時監視廣告的顯示位置及廣告價格。
廣告費	固定	當競爭對手提高廣告費，自己也必須跟著增加廣告費，否則顯示順位就會往下掉。因此每個月的廣告費都不盡相同。
廣告的製作	刊登前會進行市場調查，決定文案、說明、圖片	刊登前會進行沙盤推演，決定文案、說明、圖片。刊登後也會觀察廣告的顯示位置、轉換率，把文案、說明、圖片換成反應比較好的。不同於一般的廣告，刊登後仍需持續製作。
需要的操作能力	• 創造力 • 行銷力	• 創造力 • 行銷力 • 統計能力 • 系統開發能力 • 溝通能力 • 投資能力 • 持續力
其他	• 一個人也能操作 • 運氣占了很大的要素 • 即使外行人也能分析操作廣告的數據 • 只要定期刊登廣告，就能在3～6個月內學會操作的訣竅	• 必須不斷分析數據 • 每月的廣告費都會變動，所以無權決定廣告預算的人無法操作 • 缺乏知識與經驗的人無法判斷是否妥善操作 • 需要1～1年半的期間來掌握操作的訣竅 • 管理運用很複雜，很花時間，所以能力不夠好的廣告公司可能會投機取巧，隨便操作

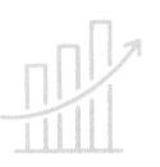

精心製作登陸頁面，逐漸提升購買欲

到購買為止，給予一套故事，提高消費者的興趣

當消費者經由搜尋引擎廣告或 SEO 連上網頁時，消費者第一眼所見、引導消費者購買的銷售網頁稱為登陸頁面。舉例來說，大概有很多人都看過那種很長的網頁，諸如「讓女孩桃花朵朵開的祕方」或「我靠這個兼差賺了 100 萬日圓」這種販賣可疑付費資訊的網頁。

拿這些網頁舉例或許不太好，但在網頁的構成上確實有很多值得學習的地方。不同於單純說明商品的網頁，它巧妙掌握住消費者的心理狀態，逐漸提升購買意願。這種手法對自家網站的銷售網頁來說，十分具有參考價值。

到消費者在網路上下訂為止，捲動網頁的時候會經過以下階段：

「矚目」→「好奇」→「聯想」→「欲望」→「比較」→「信任」→「決定」

藉由這個過程，帶領消費者提出疑問，找出解決方法，最後買下商品。期間再用划算的感覺或「限量」的吸引力煽動消費者，並拿出數據跟其他公司比較，讓人產生信賴感，促使消費者做出訂購或洽詢的反應。像這樣，到購買為止，給予消費者一套故事，就能讓由搜尋引擎廣告或 SEO 連上網頁的消費者有更高的機會買下商品。

要注意太長的登陸頁面會有反效果

不過，並非所有的商品都適用這種登陸頁面。舉例來說，像是名牌商品或有型號的商品等，這種商品在連上網路商店前，消費者就已經決定要購買了，所以太長的登陸頁面就會造成反效果。此外，若網路商店並未採取搜尋引擎廣告或 SEO 策略，可見消費者已經理解商品的價值，若網頁又臭又長只是逼迫消費者瀏覽而已，所以反而會增加放棄率。反過來說，如果是化妝品或健康食品等，不容易理解附加價值的商品，就必須善用登陸頁面，慢慢提升消費者的購買意願。

由此可知，有些商品適合登陸頁面，有些則不適合。在搜尋引擎廣告的運用上，必須看穿這一點，有效的加以利用。

如何製作能提升搜尋引擎廣告反應的登陸頁面

矚目

用具有視覺效果的照片與文案引起注意。另外，也需要一邊留意搜尋關鍵字，一邊撰寫文案。舉例來說，假設要用「狗食 安全」這個搜尋關鍵字來刊登搜尋引擎廣告，就必須把「用無添加的狗食，為愛犬的食品安全把關」這個文案放在登陸頁面最前面，讓消費者點擊、跳轉過來後就能看到，以配合消費者搜尋的關鍵字。

好奇

濃縮商品的優點，明確表達給消費者知道。倘若優點不只一個，最多可以傳達「3 個」。特徵要是超過 3 個以上，想表達的重點就會變得含糊不清，無法讓人產生想知道的好奇心。

聯想

用照片或插圖讓人理解「買下那項商品後」的狀況。只要能讓人理解「買下這樣商品，可以變得這麼幸福喔」，消費者就會更樂觀看待購買一事。

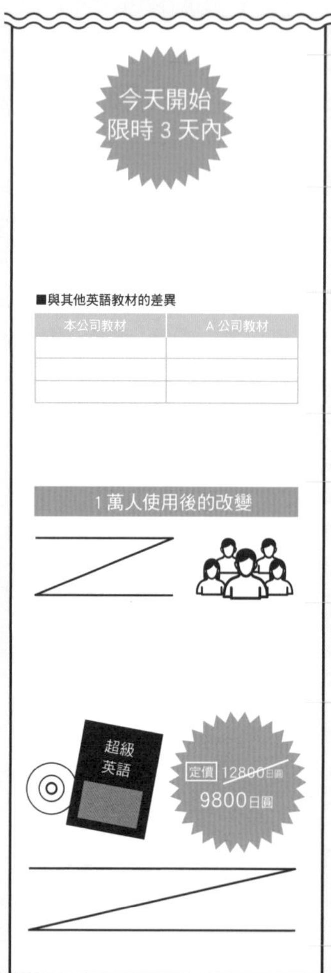

欲望

所謂「欲望」，是指划算或限量的感覺。藉由強調「限定」的天數或販賣數量，加強消費者「現在不買會後悔」的想法。特賣會期間以1～3天左右的短期比較具有行銷效果。反之，附上限量贈品的贈品攻勢反而得不到理想中的反應。不妨利用插圖或照片來強調藏在自己內心深處的「欲望」，例如：

有女人緣、變帥、變聰明等等，重點在於要表現得很直接。不過要視商品而異，有些類型的商品不容易表現出這種「欲望」，所以請因時制宜。

比較

利用圖表、照片或說明文字等，強調比其他公司優異之處。由於這部分的內容很重要，也可以放在上述「好奇」的正下方。重點在於要整理得簡單明瞭。

信任

只要能在網頁放上使用者人數、消費者心聲、銷售成績、證照等內容，讓消費者明白「有很多人購買」、「受到知名人士肯定」，就能讓人放心的購買商品。

決定

刊登商品的細節或大小等規格。由於這部分內容是供消費者做最後確認，請盡可能刊登詳細的資訊，好讓消費者放心。

「再行銷廣告」要與其他行銷工具結合才能發揮真本事

在消費者想要某商品的時機，再推銷該商品

「再行銷廣告」是指曾經搜尋過的網站上的商品後來變成廣告，出現在其他瀏覽的部落格或網頁上。這種網路廣告是記錄網站使用者的足跡，以持續追蹤有意願購買的消費者。

再行銷廣告的優點是當消費者後來又想要那項商品時，可以在該時機點再次推銷該商品。舉例來說，像是昂貴的名牌貨或珠寶，由於評估的時間很長，要在第一時間買下商品的機率並不高。因此，利用再行銷廣告追蹤消費者，只要遇上「想買」的時機，就能讓消費者買下商品。

要配合其他行銷手法，邊觀察數據邊運用

再行銷廣告要與其他行銷手法結合、同時運用，才能得到比較好的反應，此為操作再行銷廣告的重點。再行銷廣告算是扮演助手的角色，而說穿了，其實它缺乏讓人直接購買商品的力道。相較之下，這種廣告更著重在「讓人想起來並購買」這方面，所以「前置作業」是很重要的，可以利用電子報或部落格持續提供訊息，提高消費者「想購買」的欲望。

另外，由於再行銷廣告有「讓人想起來並購買」的性質，

可能有一天，會突然有很多人搜尋商品或店鋪名稱，並前來購買，這也是其好處之一。因此，可以把再行銷廣告的商品做成大型橫幅廣告並貼在首頁，好讓消費者在瀏覽網路商店的首頁之際，馬上就知道那是再行銷廣告上的商品。

與搜尋引擎廣告相同，再行銷廣告的操作方法也很複雜，可以說是若不累積經驗，就無法掌握訣竅的網路廣告之一。此外，若不反覆進行各種廣告文案與廣告圖片的測試，就無法製作出高觸擊的再行銷廣告，而此行銷測試非常花時間。

由於再行銷廣告站在協助者的尷尬立場，不容易看到對價效果，所以必須仔細觀察數據並加以運用。

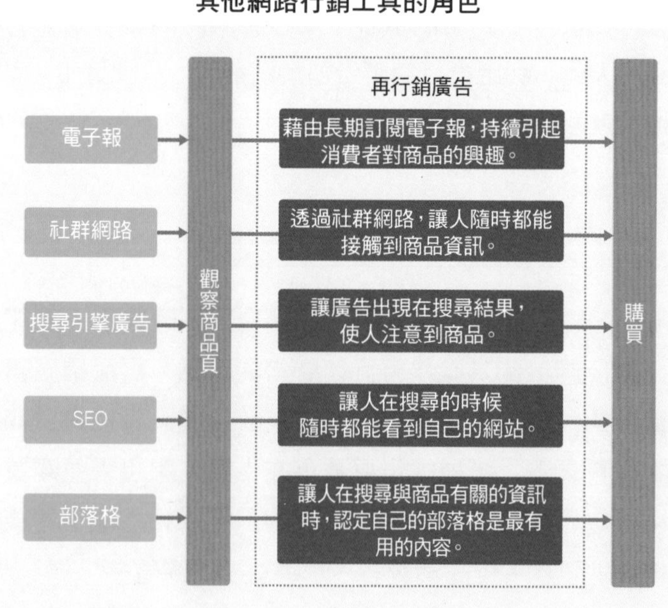

網路廣告請委託專業

除了兩大搜尋引擎，再加上智慧型手機與社群網路，就算有專屬的負責人也難以搞定

搜尋引擎廣告及再行銷廣告的操作一年困難過一年。不只要善加運用 Google 與 Yahoo 這兩種廣告，最近還必須管理智慧型手機的廣告。除此之外，若還要管理推特或臉書的廣告，就算公司設置有專屬的負責人，運用起來也處於非常困難的狀況。

考慮到上述的背景，網路廣告或許已經進入不可能自行管理的時代。未來把廣告交給廣告公司操作，公司內部則把精力放在製作內容或開發商品上，才能成為有效提升營業額的網路商店。

與對方合不合得來比經驗還重要

目前擁有扎實的知識技術，而且還能設身處地、親力親為的代為操作網路廣告的廣告公司並不多。即使委託廣告公司，無法讓廣告有效曝光，就連最基本的管理、操作都做不好的廣告公司也所在多有。還有很多廣告公司每個月都會來公司做一次有模有樣的簡報，但是經營者就算看了那些簡報也看不出個所以然來，甚至連好壞都無法判斷。

這樣的情況之所以屢見不鮮，主要的原因不外乎身為委託人的網路商店欠缺網路廣告的知識與經驗。換句話說，由於整家公司都沒有網路廣告的知識，就連廣告公司的操作正不正確都無法判斷，最後通常都會以毫無建樹的操作手法不了了之。

說得極端一點，網路廣告能不能成功的關鍵取決於能找到品質多好的廣告公司。對方的知識或經驗固然重要，但是與對方合不合得來和對方的人格特質將變得更加重要，因此請慎重選擇廣告公司。

如何看出搜尋引擎廣告的代操公司品質優劣

- ☑ **盡可能縮短合約期間**
- ☑ **員工人數超過 30 人**
- ☑ **盡可能分享管理介面**
- ☑ **沒有設定排除關鍵字的話就要小心了**
- ☑ **廣告的曝光率不夠高**
- ☑ **設定的點擊單價都一樣**
- ☑ **一個廣告群組底下有大量的關鍵字**

【資訊提供】豐田 Net Advance
http://toyotanetadvance.com/

不仰賴搜尋或社群網路，創造出爆發性營業額的新聞稿策略

只要出現在主流媒體上，就能一口氣提升知名度

自家網站的集客方法可以大致區分成「搜尋」與「社群網路」兩種。然而，現狀是就算要用搜尋來集客，也會因為競爭者太多而沒有勝算，社群網路則具有遲遲無法增加追蹤者，要花很多時間才能把消息擴散開來的難處。

在這樣的狀況下，為了有效率的提高「搜尋」與「社群網路」的行銷力道，試著善用新聞稿是個好方法。所謂的新聞稿，是指由公司將資訊提供給主流媒體，讓對方寫成報導或做成新聞的手法。這個策略一旦成功，在網路上搜尋商品名稱或公司名稱的人就會增加，不用靠 SEO 或搜尋引擎廣告，就能自然的將消費者吸引到網路商店。看了報紙或電視的消費者也會在日常生活中分享訊息，可以一口氣增加社群網路的追蹤者。

成功的祕訣在於「先想好商品或服務再提供新聞稿」

成功的祕訣不是先在公司裡製作好商品或服務再提供新聞稿，而是先想好哪些是主流媒體可能會報導的商品或服務再提供新聞稿。換句話說，必須製作專門用來給媒體報導的商品，採取刻意讓媒體報導出來的策略，才能被當成新聞播報。

以生產新口味的蛋糕捲為例，光是提出「蛋糕捲做好了」這種新聞稿，記者們也不會當一回事。不如配合端午節，大肆宣傳「做成龍舟形狀的蛋糕捲完成了」，因為比較有新聞性，記者們也比較願意在版面或節目中報導。

自家網站的集客手段有限，因此會積極的採取利用上述的新聞稿來吸引主流媒體關注的行銷手法。不只是透過網路的行銷，也得加強現實世界裡的行銷，才能讓營業額成長得更加快速。

比較容易被主流媒體報導的新聞稿（以寢飾店為例）

☑ **具有時代背景的產品**

【例】日本製的枕頭因集客式行銷而狂賣。

☑ **日本第一、世界第一的噱頭**

【例】製作出世界上最大的枕頭，締造金氏世界紀錄。

☑ **季節題材**

【例】推出賞花專用的戶外用毯子。

☑ **活動題材**

【例】兒童節限定，可以在上頭亂畫的羽絨被。

☑ **社會題材**

【例】致贈高級羽絨被給老人院。

☑ **暢銷題材**

【例】冷凝墊因為屢創高溫的盛夏而暢銷。

☑ **問卷題材**

【例】七成小學生的睡眠時間為 4.5 小時。

新聞稿的範例

西元●年●月吉日

致記者諸君

使用了 100% 富士山的融雪
以掛川茶製成的化妝水上市
「茶神之淚」

於靜岡縣掛川市販賣日本茶的網路商店「日本茶中心」（靜岡縣掛川市·社長為竹內謙禮）自11月1日起開始販賣以日本茶製成的化妝水。敝公司自2000年起以網路及實體店鋪為主販賣掛川市產的茶，基於「除了食品以外，還能怎麼讓人知道日本茶的好處？」的想法，打算從2016年的春天開始販賣化妝水。日本茶裡的兒茶素含有許多能讓肌膚變得光滑的保濕成分，因此開始著手販賣化妝水。因為是第一次推出化妝水，工作人員打從一開始就萬眾一心，再加上位於東京的化妝品廠商的協助，得以從化妝品的概念設計到銷售都進行得很順利。加入靜岡特有的柑橘精華也是員工的構想。「起初對生產化妝品頗有微詞的工作人員，後來也主動蒐集樣本參考，提出意見，表現得非常熱絡。」（竹內社長）順帶一提，『茶神之淚』這個商品名稱的由來是因為內含精挑細選的日本茶，為了讓人理解其珍貴的價值，竹內社長才以此命名。擦上的瞬間就能滲透肌膚的觸感是這瓶化妝水給人的第一印象。因為沒有黏膩的感覺，「既清爽又充滿保濕的感覺，真不可思議」是最多人的反應。從10月下旬開始販賣，但是預約階段的300組早在網路及實體店鋪銷售一空。「今後也將繼續推薦給靜岡的伴手禮店，致力於將其塑造成當地的特產」（竹內社長）。價格為200克2800圓。目前在「日本茶中心」的網路商店及實體店鋪都買得到。

●商品名稱：茶神之淚
●容量：200 克　●售價：2800 圓（未稅）
●供應商：日本茶中心股份有限公司

關於「茶神之淚」的問題，請向負責公關的竹內洽詢。

TEL:

手機：

被主流媒體主動報導的方法

隨時將每年辦的活動上傳到部落格

一直以來，自家網站的營業額幾乎都取決於 SEO 和搜尋引擎廣告的運用。然而，因為競爭變得激烈，比起在網路上使出渾身解數買廣告，運用讓消費者主動搜尋、用社群網路分享的銷售手法，將有助於提升自家網站的營業額。

考慮到上述的背景，接下來的自家網站必須學會如何借助主流媒體的巨大力量來提升營業額。

為了爭取到主流媒體的採訪，刻意將主流媒體感興趣，具有新聞性的報導上傳到自己的部落格是個好辦法。舉例來說，在父親節舉行「做錢包送給爸爸」的活動。有些電視台的從業人員會上網搜尋新聞話題，所以只要將該企畫的主旨寫在自己的部落格裡，記者就有可能上門採訪。再加上父親節這種一年一度一定會定期舉辦的活動，媒體第二年還是會需要這方面的新聞話題，所以說不定每年都會有媒體來採訪。由此可見，藉由經常將這種每年的固定活動上傳到部落格，就能增加出現在主流媒體的次數。

雖然很容易「揮棒落空」，但有時也會擊出「全壘打」

為了用新聞稿的行銷來提升營業額，必須要很有毅力，持續向主流媒體提供新聞。老實說，只有極少數的幸運兒才能出現在報紙或電視上，大部分都會「揮棒落空」也是不爭的事實。然而，小型的公司如果不想花錢，又想將消費者吸引到自家網站，至少要投入這方面的時間與精神才行。雖然很容易「揮棒落空」，但有時也會擊出反敗為勝的「全壘打」，這也是新聞稿策略的魅力所在。千萬不要想「反正也不可能被電視或新聞報導出來」，請積極的擬訂策略。

媒體在網路上搜尋的新聞關鍵字

☑ **及格小物**

尋找特殊的及格小物。

☑ **閏年　活動**

尋找閏年的特殊活動。

☑ **賞花　甜點**

尋找只在花季販賣的櫻花甜點。

☑ **塞車　小玩具**

尋找黃金周塞車時可以在車上玩的小玩具。

☑ **下雨天　折扣**

尋找下雨天可享優惠的新聞。

☑ **熱　折扣**

尋找即使在盛夏也能享受優惠的新聞。

☑ **暑假　作業**

尋找暑假作業中有趣的題材。

☑ **防災訓練　活動**

尋找 9 月 1 日防災日的活動。

☑ **恩愛夫婦之日　禮物**

尋找在恩愛夫婦之日具有話題性的禮物。

重點在這裡！

電視台及報社記者經常在網路上搜尋能夠寫成新聞的話題。以上列舉的搜尋關鍵字在市面上比較沒有話題性，但是被當成新聞寫成報導的可能性很大。只要在部落格寫下關於這些話題的文章，再試著加上商品名稱，當電視台的研究員或報社記者看到這些文章，可能就會主動來採訪。尤其是與天氣或季節有關的新聞，因為是很受歡迎的採訪主題，在製作內容的時候意識到這些搜尋關鍵字也不錯。

網頁改版千萬別看心情

想要改版是否基於「心情的問題」而不是為了「提升營業額」？

當營業額不再成長，許多人都會想到要對網路商店進行改版。但實際上，營業額遭遇瓶頸與網站並沒有什麼相關性。即使對網站改版，訪客人數也不會隨之成長，商品或服務的本質也不會因此改變。換句話說，光是更改網頁的設計，營業額並不會有任何變化。

話雖如此，還是有很多人會對網站進行改版，其實並沒有什麼特別的原因，只是一心「想要改版！」無法壓抑這種情緒，即使覺得沒必要，依舊對網頁進行改版——這才是主要的原因。舉例來說，就像小朋友一看到想要的玩具，就會一直吵著說「我想要！我想要！」說穿了，這些人改版的目的並非為了提升營業額，而是心情的問題比較大。因此，經營網路商店的人必須冷靜的判斷現在這個時期是不是真的需要對網站進行改版。

設計師是製作網頁的專家，卻不是賣東西的專家

在對網路商店進行改版之前，必須先檢查是否採取了提升訪客人數的策略。要是連部落格的更新或 SEO 等用來提升訪客

人數的基本行銷都沒做，就算對網站進行改版，營業額也不會有所成長。還有，比起對首頁進行改版，先對商品頁進行改版比較容易直接刺激營業額。反覆進行測試，架構能確實促使消費者購買商品的網頁，比對整個網站進行改版來得重要。

所有能做的都做了，再對網路商店進行改版的話，除了網頁設計之外，最好從策略到商品的方向性全都重新審視一遍。隨著重新審視銷售方法，網站的集客方法也會跟著改變，所以在對網站進行改版的時候，也要把這些因素考慮進去。

另一方面，很多人會把網站的改版作業全丟給網頁製作公司，但設計師是製作網頁的專家，卻不是賣東西的專家。因此，網頁的架構和文案、照片等等還是由自己來蒐集比較好。讓網頁製作公司處於「只要製作就好」的狀況，才能製作出行銷力道更大的網路商店。

由此可知，網路商店的改版如果只有改變設計，等於是把錢丟到水溝裡。所謂的改版，必須以「提升營業額」為大前提。包括至今的策略在內，請抱著一切都要重新來過的決心，進行大膽的改革。

重點在這裡！

您是否也曾被問過「知道這個公式嗎？」

訪客人數 × 轉換率 × 價格＝營業額

只要能提升以上三個項目的數字，營業額就能成長。因此為了提升「轉換率」，不妨對網頁進行改版——顧問公司或網頁製作公司經常都會給出這樣的建議。
而是否照著這個公式操作，營業額就真的會成長呢？首先，讓我們整理一下，假設要用這個公式來提升營業額的話，可以考慮以下的改善方式：

訪客人數	×	**轉換率**	×	**價格**	=	**營業額**
↓		↓		↓		
改善集客策略		網站改版		改善商品實力		

然而，倘若只有網站改版的改善轉換率，卻對「集客策略」與「商品實力」置之不理的話，營業額依舊會時好時壞。

換句話說，光進行「網站改版」，集客策略與商品實力依舊是個「未知數」的話，那麼營業額也會成為「未知數」。
舉例來說，假設藉由網站改版將網站的轉換率改善到滿分「100」的狀態，套用到這個公式裡，會出現以下的結果：

訪客人數 X × 網站改版 100 × 價格 Y ＝營業額 Z

若集客策略與商品實力是「X」與「Y」這兩個不確定的數字，營業額就會一直是「Z」這個未知數，網路商店的營業額也因此時好時壞。也就是說，即使對網站進行改版，但由於其他的數字還是「X」與「Y」的狀態，故營業額可能會成長，也可能會萎縮。

這時必須思考的是，只要將「X」與「Y」的數值固定下來，就能確定「Z」的數值。其對策如下所示：

訪客人數「X」

將集客策略也提高到與網站改版同樣的滿分「100」的水準，徹底的擬訂完美的集客策略。

商品實力「Y」

投注心力在性能及價格方面都比其他競爭對手更成熟，具有壓倒性優勢的滿分「100」的商品。

這麼一來，套用到公式裡的數值就能固定下來，也能看到明確的營業額數字。

以下是假設所有數值皆為「100」的公式：

集客策略 100 × 網站改版 100 × 商品實力 100 ＝ 營業額 1000000

各位或許會覺得「營業額豈不是超過 100 分的滿分嗎？」那是當然的。因為所有的工作都做到「完美」的地步，營業額自然會極端的超過 100 分。然而，萬一掉以輕心，投入到集客策略與商品實力的改善只有「50」的話……

集客策略 50 × 網站改版 100 × 商品實力 50 ＝ 營業額 250000

由此可見，就算利用網站的改版獲得「100」分，營業額的水準也會一下子減少到只剩下四分之一。

結論

① 光對網站進行改版無法提升營業額，必須同時重新審視集客策略與商品實力才行。

② 電子商務的工作必須永遠以「100 分滿分」為目標。一旦哪裡出現破綻，就會對所有的行銷造成影響。多說一句，經營網路商店的成功者多半都是完美主義者、嚴以律己的人。沒有什麼工作是「做到這樣差不多就可以了」正是電子商務的常態。

③ 要注意隨便把「訪客人數 × 轉換率 × 價格＝營業額」的公式掛在嘴邊的經營顧問和網頁製作者。網路商店的經營並非一朝一夕就能套用這個公式那麼簡單。

善用社群網路與廣告傳單，解決網路商店的人力問題

不要設定太多條件，依每個任務僱用不同的人才

當網路商店的營業額成長到一個地步，為了繼續提升營業額，就必須僱用新人。然而，如果是小型的網路商店，基於經費有限的苦衷，都希望能盡量壓低人事費用，又想留住優秀的人才。

一旦用求才網站徵人，就會被拿來跟其他工作比較，也會被發現薪水給得不高，因此規模比較小的公司往往徵不到優秀的人才。另外，很多人光聽到網路商店，就以為需要專業知識，導致應徵的人更少，也很令人頭痛。

考慮到上述的狀況，網路商店確實不容易徵到人才，所以對於工作能力最好不要要求太多比較好。「會製作網頁、管理訂單，態度好，對工作具有高度熱忱的人」要是像這樣列出太多條件，等到地老天荒也僱不到新人。比起來，以「只要製作網頁」、「只要管理訂單」、「只要包裝」的感覺，依不同任務僱用不同的人才，縮短各自的工作時間，反而比較容易徵到人。

強調自家公司是個「能得到成就感的工作環境」

請對徵人廣告多下一點工夫。舉例來說，若是利用報紙的廣告傳單徵人，可能會吸引到當地的優秀人才，也不像徵人網站那樣，會被拿來跟其他工作做比較，可以用薪資以外的條件來增加優勢，好比徵求到「想在這個城市工作」的人。

用臉書或部落格徵人也是個好辦法。在臉書上介紹企業的方針或商品，可以吸引到「想在這種公司工作」的人。另一方面，在臉書上貼出徵人訊息，馬上就有人毛遂自薦「請僱用我！」的案例屢見不鮮。

只不過，為了製造上述的狀況，必須不厭其煩的在臉書上貼出會讓人「想在這裡工作」的資訊或照片才行。積極的上傳工作人員樂在工作的照片、暢談對商品有什麼想法的文章等，不只消費者，這些訊息必須讓找工作的人也能變成粉絲才行。

這是放長線釣大魚的徵才策略，薪資條件比較差的中小企業必須透過積極的提供資訊，強調自家公司是能讓人產生成就感的工作環境。

今後，日本的勞動人口會日漸減少已是擺在眼前的事實。在這樣的情況下，即使條件不佳，為了讓人「想在這裡工作」，只剩下以下兩個選擇：

(1) 僱用不怎麼優秀的人才，利用公司的組織讓營業額成長
(2) 利用腳踏實地的企業公關僱用優秀的人才，提升營業額

在僱用人才之前，必須先擬訂自己的公司將如何提升營業額的策略，然後再思考應該要僱用哪些人才。

將「工作能力不好的人」變成「工作能力很好的人」的方法

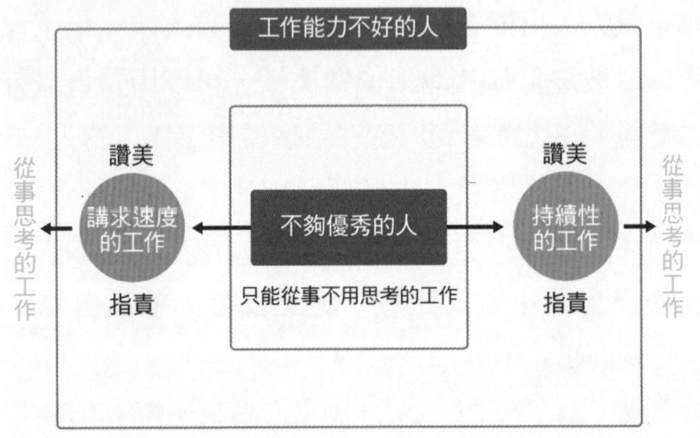

重點在這裡！

人手一旦不足，中小企業就會陷入不得不僱用「工作能力不好的人」的窘境。只要能有計畫的教育這樣的人，就能解決人力的問題。

如同上一頁的圖示，「工作能力不好的人」處於「只能從事不用思考的工作」的狀態。因此，為了讓他們從一開始就習慣於工作中思考，不妨盡可能給予單純的工作。什麼都沒在想的人也能做的只有以下兩種：

- **講求速度的工作**
- **持續性的工作**

舉例來說，僱用新人之後，不要給他們太多工作，先從整理文件或打掃辦公室等「講求速度的工作」開始。另一方面，不要一下子突然要求新進員工構思企畫，而是讓他們做些每天更新部落格等「持續性的工作」。

然後由主管利用糖與鞭子雙管齊下的方式持續進行「快點」與「繼續下去」的指導，新來的工作人員就會慢慢的開始思考以下的事：

「為了快點把工作做完，該怎麼做才好？」
「為了讓工作持續下去，該怎麼做才好？」

當他們開始思考這件事，才算是真正開始從事「需要思考的工作」，也才能衝破「工作能力不好的人」的障礙。

選擇訂單系統以創造更高的營業額

建議使用能同時對應的管理訂單系統

當訂單數量增加，管理就會變得繁雜。運輸單據或交貨清單全面以人力書寫的話有其極限，所以隨著營業額的成長，如果不把接訂單的後端系統化，將無法消化所有的訂單。

關於經營網路商店的訂單管理系統，最好盡可能善用坊間現有的系統。也有網路商店會委託系統公司，花錢製作專屬的系統，但是這麼做有個缺點，萬一出問題的時候無法即時處理。此外，可以選擇不只能對應自家網站，還能對應樂天市場及 Amazon 等訂單管理的系統，將來如果要同時經營好幾家店鋪，就能毫無壓力的接著用。

先由負責人嘗試使用的感覺

為了找到適合自家網路商店的訂單管理系統，建議把列入候補名單的訂單管理系統全都試用一遍。由於使用者的能力與每家店賣的商品與服務都不一樣，即使是某家網路商店聲稱「很好用」的系統，「很好用」的感覺也會因人而異。因此最好由負責管理訂單的人先試用一下，然後選擇他覺得最好用的系統。

不過，若選用非主流系統公司的訂單管理軟體，一旦出問題可能會無法處理。系統公司本身倒閉、被併購的情況也所在多有，有一定的風險。為了避免發生這樣的狀況，盡可能採用已經有很多網路商店使用的訂單管理系統，方為上策。

讓自家網站的訂單管理軟體產生戲劇化改變的「神系統」前三名

訂單管理系統 [Next Engine] http://next-engine.net/

日本最多人使用的網路商店用訂單管理軟體。由上市公司 Hamee 股份有限公司經營，這點很令人放心。他們自己的公司也有網路商店，所以系統經常會更新，是其魅力所在。售後服務也很完善，即使是不熟悉系統或網路的人也能放心使用。

電子郵件分享軟體 [Mail Dealer] http://www.maildealer.jp/

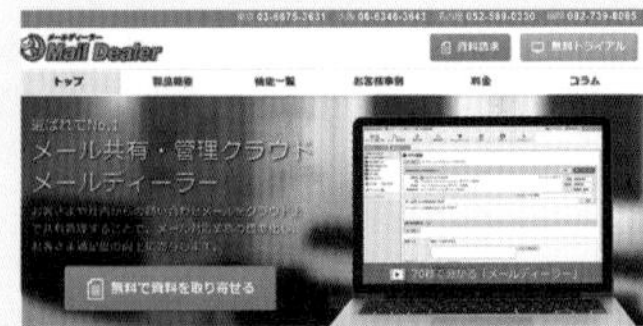

為了讓好幾位工作人員一起管理信件回覆所製作的電子郵件分享軟體。只要導入這套軟體，就能以分工合作的方式處理信件，即使不是每天進公司的兼職人員或工讀生也能回信。可以降低人事費用，大受好評。由上市公司樂！股份有限公司經營，這點也是令人放心的原因之一。

支付系統 [Net Protections] http://www.netprotections.com/

營業額一旦成長，就會想改善結帳方法。尤其是對於先取貨後付款的「延期付款」的需求有年年增加的趨勢。只要導入由 Net Protections 股份有限公司經營的「NP 延期付款」系統，就會代為處理一切延期付款的手續，還保證一定能收到貨款，所以網路商店這端一點都不需要麻煩。在代替店鋪催款的聯絡這方面也做得非常細心周到。能讓消費者毫無壓力的標準化對應也是其業績不斷增加的魅力之一。

盡量減少內部工作人員的數量，有效率的善用外包工作人員

提出具體的要求，在準備好的狀態下登入媒合網站

將製作網頁或SEO的作業交給外包工作人員是一種好方法。委託外包工作人員就不會產生無謂的人際壓力，工作也能分給真正有能力的人來做，因此能有效率的完成業務。

尋找外包業者時，建議可善用媒合網站。媒合網站上有許多個人工作室和專業人士，只要主動提出預算及工作內容的要求，就能馬上找到合適的業者。

為了合作無間的與外包業者共事，重點在於要主動提出具體要求。以委外製作商品頁為例，讓對方看網路商店的範例網頁，告訴對方「我想要這種感覺的網頁」，外包的設計師也比較好處理。

另外，在提出製作委託的階段時，事先準備好一整套網頁的草圖和照片、文章的原稿等素材，外包業者也比較容易提報價。利用媒合網站的時候，在盡可能先把委託內容的材料全都準備好的狀態下登入比較好。

給予浮動的酬勞

至於酬勞，請做好「一分錢，一分貨」的心理準備。這麼一來，如果是任何人都做得出來的設計或業務，就不用支付太高的酬勞；反之，如果是需要創意的工作或比較專業的工作，必須支付相應的報酬，視完成品給予浮動的酬勞。

不過，外包業者也是人，若酬勞砍得太過分、委託工作的態度太跋扈，會降低對方的幹勁，對委託的工作也會造成相當大的影響。外包業者中有很多人經常要與孤獨為伴，所以不妨稍微誇張的讚美對方、討對方歡心，藉此維持對方工作的幹勁。

可以委外的工作種類與注意事項

工作種類	注意事項
製作網頁	製作費可多可少。 最好先看其過去製作的網頁作品再決定。
製作手機網站	秀出目前生意好的手機網站，提出「我想製作跟這個同樣設計風格的網站」等具體的指示比較好。但是絕不能抄襲別人的設計。
製作橫幅廣告	要便宜的話，也有製作一個只要幾百圓的業者。
製作商標	商標的質感很重要。 透過我方的提案能得到多麼具體的回答來判斷對方的理解力。
製作名片	改變名片的設計也無法提升營業額，所以請找便宜的業者。
插圖、漫畫	全部丟給業者可能會得到慘不忍睹的作品。 在製作之前，一定要描繪出相當具體的草圖給對方。
照片	即使是經驗值尚淺的年輕攝影師也能拍出品質還不錯的照片。
製作影片	比起攝影師的技術，製作人描繪分鏡圖的本事更加關鍵。

工作種類	注意事項
製作傳單、型錄	若無法畫出具體的草圖，對方交出來的作品可能也會很隨便。
印刷	即使價格便宜，印刷的品質也不會太差。 只不過，交稿方式會有點麻煩。
系統開發	如果是簡單的寄信軟體或發行估價單的系統可以做得便宜點。
顧問	會馬上回信的顧問多半都是很認真的人。
SEO	若欠缺 SEO 的基本知識技術，就無法判斷對方好壞。 至少也得先看過一本 SEO 的書再行委託。
網路廣告運用	很難判斷好不好。至少也得先看過一本關於搜尋引擎廣告的書、參加過研討會之後再行委託。
商品登錄	商品上架或製作簡單的網頁等等，是一種輸送帶作業的委託。最好還是僱用過去有經驗的人。
撰稿人	以具有 SEO 知識的撰稿人較為理想。 先看過其所提供的作品，檢查是不是從網路複製貼上。
代為經營部落格	以具有 SEO 知識的撰稿人較為理想。 最好要求看其過去製作的部落格。
代為經營網路商店	別指望營業額能有太大的成長。 比起有技巧的人，不如僱用認真的人。

自家網站擴張策略：決定要「營業額」或「自由」

如果想把公司做大，經營者就要有永遠不斷努力的覺悟

當網路商店的營業額一再成長，要在工作量與收入間取得平衡就變得非常困難。即使增加人手，眼前的工作量依舊不見減少，只有人際關係的壓力一路攀升，搞到本末倒置的人不勝枚舉。另外，如果經手的是單價不高、獲利率也不高的商品，隨著營業額成長，忙得不可開交也就算了，獲利反而變低，「創業前還在當上班族的時候收入反而比較好」的抱怨也常常聽到。

由此可知，經營網路商店若只是一味的追求營業額，收入不見得會跟著增加。除非立定「將來要變成什麼樣的組織，想經營什麼樣的公司」之類的目標，否則不管擬訂再好的策略，也會落得不了了之的下場。

如果是「想提升營業額，把公司做大」，「賺錢」就是最終的目標，因此必須採取擴大組織的策略才行。必須將工作標準化，打造出一個即使僱用能力不夠高的人，也能讓營業額成長的組織。另一方面，也必須做好人際關係會有壓力的心理準備，而且營業額若不成長，就養不活工作人員，所以經營者必須有永遠都要不斷努力的覺悟。

若不追求營業額，就能隨心所欲的放慢工作步調

相反的，倘若「比起營業額，更想要自由的時間」，由於「時間」才是目的，必須打造一個人也能工作的環境。從創業初期就全面善用外包業者，以不增加工作人員為經營目標。

然而，一個人經營的網路商店，無論如何都很難擴大營業額的規模，因此想要賺大錢幾乎是不可能的任務。但是另一方面，也不會產生無謂的人際關係壓力，還能得到自由的時間。只要能賺到不至於讓生活陷入困境的錢，就不用勉強自己提升營業額，從此告別追著金錢跑的生活。另外，因為隨時都能退休，故也能隨著年齡增長放慢工作的步調。

如此這般，在提升網路商店的營業額前，不妨視「自己想過什麼樣的人生」，來決定該採取什麼策略與網路商店的經營模式。什麼都不想，一心一意提升營業額固然重要，但是在準備踏進下一個階段的時候，請務必停下腳步，再問自己一遍「我為什麼要經營網路商店？」

擴大自家網站的組織範例

組織人數	人員的工作內容	組織變化的細節
1 人	老闆	1 個人搞定全部的工作。自由，但是會忙到沒有自己的時間。
2 人	老闆、行政	負責行政或庶務的工作人員。多半會拜託太太或朋友。
3 人	老闆、行政、負責製作網頁的人	委託工讀生或外包工作人員製作網頁。
4 人	老闆、行政、負責製作網頁的人、商品管理	正式僱用負責製作網頁的人。同時僱用採購兼商品管理的工作人員。
5 人	老闆、行政、負責經營網路商店的人、負責製作網頁的人、商品管理	將負責製作網頁的人升格為經營者，再僱用另 1 個負責製作網頁的人。
6 人	老闆、行政、負責經營網路商店的人、負責製作網頁的人 2 名、商品管理	將負責製作網頁的人變成 2 人團隊，藉此增加網頁的數量，加快工作的速度。
7 人	老闆、行政、負責經營網路商店的人 2 名、負責製作網頁的人 2 名、商品管理	將經營者變成 2 人團隊，加強 SEO 及社群網路等行銷。同時經營好幾家網路商店。
8 人	老闆、行政、負責經營網路商店的人 2 名、負責製作網頁的人 2 名、商品管理、系統	導入系統負責人，以求業務能更有效率。

組織人數	人員的工作內容	組織變化的細節
9人	老闆、行政、負責經營網路商店的人2名、負責製作網頁的人3名、商品管理、系統	增加負責製作網頁的人，加快商品數量的增加與行銷企畫的速度。
10人	老闆、行政、負責經營網路商店的人2名、負責製作網頁的人3名、商品管理2名、系統	把品管與採購分開，僱用新的工作人員。致力於商品的進貨與開發。
11人	老闆、行政、負責經營網路商店的人2名、負責製作網頁的人3名、商品管理2名、系統、批發負責人	僱用新的批發負責人，推出適用於實體店鋪的行銷。
12人	老闆、行政、負責經營網路商店的人2名、負責製作網頁的人4名、商品管理2名、系統、批發負責人	繼續增加負責製作網頁的人，加速推動經營網路商店的業務。

重點在這裡！

依商品、服務及公司的狀況，擴大組織的方法許多選擇，因此不能一概以 241 ～ 242 頁的擴大方法一言以蔽之。只不過，基本上都不出以下的階段：

「處理雜事」→「分擔網路商店的經營」→「透過系統效率化」→「展開批發事業」→「繼續擴大營業額」

看圖可知，工作最辛苦的莫過於 3 ～ 6 人左右的組織。人數少不說，再加上能實際提升營業額的工作人員也不足，資金與精神上都處於極吃力的狀態。繼續在這種狀態下經營網路商店，可能永遠都會卡在這種吃力的狀態。在這個階段決定要「擴大規模」還是「縮小規模」可能會比較好。另外，所謂的組織也會隨著逐漸擴大而產生新陳代謝。一開始僱用的人才是在公司還經營得很辛苦的時候就一起打拚的工作人員，因此無論如何都會對他們另眼相看。然而，隨著僱用新的工作人員，發現老員工的工作能力其實不怎麼樣以後，經營者就被迫必須做出「是要以交情為重，還是以效率為重」的判斷。就跟排球的組成人數一樣，在「6 人」「9 人」的時候都會發生這種經營者與工作人員的傾軋。然而，一旦開始超過 9 人，等於事業規模也一口氣擴大了，所以請先以「9 人」的編制為目標來建立組織。

依搜尋關鍵字分成幾家網路商店來經營，繼續加強 SEO

一家公司，多個網站

一聽到經營網路商店，我想很多人的印象都是「一家公司一個網站」。然而最近意識到 SEO，儘管是同一種商品，依搜尋關鍵字分成幾家網路商店來經營的手法與日俱增。分成不同的搜尋關鍵字，比較容易排在搜尋結果的前面，這也是為了吸引消費者。舉例來說，如果是販賣「鑽石」的網路商店，視「鑽石　超便宜」「鑽石　戒指」「鑽石　項鍊」等搜尋關鍵字的不同，消費者的購買目的也大不相同。然而，要是把好幾個搜尋關鍵字埋在同一個網頁裡，無論如何都會削弱 SEO 的效果，可能會搶不到搜尋結果的前面位置。為了避免事情演變成這種最糟的情況，依各種不同的搜尋關鍵字分別架設網路商店，各自攻占搜尋結果的前幾名成了最近 SEO 的潮流。舉例來說：

針對用「鑽石　超便宜」搜尋的人提供強調鑽石價格的網路商店。

將戒指的品項刊登在「鑽石　戒指」的網站上。

針對搜尋「鑽石　項鍊」的人，提供充滿各種項鍊的網站。

像這樣依不同的搜尋關鍵字製作網站，提高各自的內容及關鍵字的專業性，要出現在搜尋結果的前幾名就變得比較容易。

還能分散經營風險

最近，因為搜尋引擎的規則突然改變，導致搜尋結果下降的網路商店愈來愈多。為了避免這種突發性的狀況產生，同時擁有幾個不同關鍵字的網站還能分散經營風險。同時經營好幾個販賣不同商品的網路商店，是提升營業額的一個重要策略，但即使是同樣的商品，依搜尋關鍵字分成幾家網路商店來經營，也是該策略上一種很有意思的銷售手法。

重點在這裡！

依不同的搜尋關鍵字架設網路商店，因為會變成具有高度專業性的內容，對於用那些關鍵字搜尋的消費者而言，可以找到適合需求的網頁。放棄率也會比較低，還可以一起管理庫存，所以能有效率的經營好幾家網路商店。
只有一點要注意的，那就是不要上傳大同小異的內容（文章）。因為 SEO 的評價可能會因此下降，所以請盡量製作具有差異化的內容。

經營不同關鍵字的網路商店以強化 SEO

對應「鑽石　項鍊」

這個搜尋關鍵字的網站

對應「鑽石　戒指」

這個搜尋關鍵字的網站

對應「鑽石　超便宜」

這個搜尋關鍵字的網站

對應「鑽石　耳環」

這個搜尋關鍵字的網站

【資訊提供】網頁製作公司 WEB-SEED
http://www.web-seed.com/

把聯盟行銷的會員當成合作夥伴

先找到 10 個以上願意貼出自家商品廣告的網站

善於經營網站的人會代替其他網路商店介紹商品，我們將網路上這種協助銷售的商業模式稱為「聯盟行銷」。若經由聯盟會員（幫忙行銷商品的人）介紹把商品賣出去，因為賣方要支付介紹費，說是「網路上的仲介」會比較有概念。

為了靈活的運用聯盟行銷，首先要閱讀關於聯盟行銷的書、參加研討會，從理解原理開始做起。要是在缺乏知識的狀態下貿然開始，會不知該從何著手，建議先從基礎知識開始學習。

除此之外，還必須判斷自己經手的商品是否適合利用聯盟行銷來操作。要是想不到 10 個以上願意貼出自家商品橫幅廣告的網站，就算加入聯盟行銷也不會順利，因此最好將聯盟行銷這件事從經營網路商店的策略裡剔除。

要隨時採取能提升聯盟會員士氣的策略

一旦能在腦海中勾勒出聯盟行銷執行得很順利的藍圖，不妨立即向提供聯盟行銷服務的公司提出申請。請準備好容易張貼的橫幅廣告或文章給聯盟會員經營的網站，採取對優秀的聯盟會員進行籠絡的策略。

此外，為了讓聯盟會員願意積極行銷自己的商品，必須提高佣金、免費提供商品、隨時採取能提升聯盟會員士氣的策略。聯盟行銷絕非什麼也不做、什麼也不說就能提升營業額的網路行銷。必須以鼓舞合作夥伴的心態，與聯盟會員展開交流才行。為了利用聯盟行銷提升自家網站的營業額，必須非常認真的與對方合作，否則將難以成功。

或許有人認為聯盟會員會替自己執行 SEO 或搜尋引擎廣告，所以不用投資那麼多的時間和金錢。然而，要是沒有 SEO 或搜尋引擎廣告的知識，就無法與聯盟會員妥善溝通。先累積約 1 年運用 SEO 與搜尋引擎廣告的經驗，比較容易與聯盟會員建立良好的關係。

利用聯盟行銷提升營業額的 3 個方案

☑ 提供讓聯盟會員好處理的素材

舉例來說，配合 Google AdSense 上推薦的尺寸製作橫幅廣告，或是配合季節和促銷活動提供適當的橫幅廣告，聯盟會員也比較容易發揮創意。另外，不只橫幅廣告和文章，提供在那家企業或網站上販賣的特殊商品或服務的照片和插圖等也是一種方法。

☑ 多跟一些品質卓越的聯盟會員合作

利用供應商發行的電子報等做宣傳，提高曝光率，或是參加聯盟會員的讀書會和聚會，尋找有力的合作對象。另外，也可以從自己鎖定的關鍵字搜尋結果發掘有力的聯盟會員，增加個別的曝光管道。

☑ 讓品質卓越的聯盟會員為自己效勞

一旦成功的籠絡聯盟會員，就要定期提供知識技術給他們。舉例來說，告訴他們有哪些關鍵字正準備搶占搜尋結果的前幾名、傳授製作網站的訣竅、提供知識技術，藉此刺激他們積極的鎖定搜尋結果的前面位置。為了不讓他們失去幹勁，也別忘了要定期聯絡。

暢銷商品的重點在於「搜尋關鍵字」和「外觀」

「有故事的商品」「很上相的商品」比較好賣

網路上比較好賣的商品基本上都是以具有容易被搜尋到的關鍵字為大前提。以「折疊式腳踏車」為例，由於搜尋關鍵字十分明確，SEO 和搜尋引擎廣告也比較容易操作。反之，換成「香菇」的話，因為不是需要特地上網搜尋的關鍵字，與香菇有關的食材和調味料在網路上就比較難賣。

除此之外，易於撰寫文案的商品、具有開發故事或是對生產者有特殊意義的商品也比較方便製作成網頁，因此在網路上比較好賣。最近隨著臉書和 Instagram 的普及，拍成照片讓人覺得「好可愛」的商品會成為暢銷商品，做成橫幅廣告的時候，也比較容易獲得點擊，所以「重視外觀」也是商品開發的一環。

「到處都買得到的商品」「標新立異的商品」不好賣

相反的，「到處都買得到的商品」則是網路上比較不好賣的商品。因為不需要特地連到自己的網路商店也買得到，像這樣的商品很容易落入削價競爭，很快就賣不動了。

另外，標新立異的商品和接下來才要出現在市場上的新商品在網路上也不太好賣。因為還沒有明確的搜尋關鍵字，再加上還沒有多少人使用過那項商品，對於網路商店這種無法拿在手裡試用的賣場可以說是非常不利。「這個商品一定會暢銷！」如果是這種劃時代的新商品，可以先在實體店鋪販賣，大受歡迎的可能性比較高。

話雖如此，在做生意的世界裡，無從得知什麼商品會大紅大紫也是不爭的事實。要是打從一開始就知道什麼商品會賣翻天，就不用煩惱了。通常要在市場上流通到一定的數量，才能締造出暢銷的商品。一兩次的失敗請別放在心上，商品開發負責人或採購必須要有一再從錯誤中嘗試的強韌心靈。

在網路上暢銷的商品是由有沒有搜尋關鍵字、有沒有競爭者決定的

•有搜尋關鍵字 •有很多競爭者 △	•有搜尋關鍵字 •沒什麼競爭者 ◎
•沒有搜尋關鍵字 •有很多競爭者 ×	•沒有搜尋關鍵字 •沒什麼競爭者 ○

重點在這裡！

前一頁左下角「沒有搜尋關鍵字」「有很多競爭者」的區塊是最難在網路上銷售的商品位置。既無法用搜尋找到商品，還有很多競爭者，就算在網站上販賣，也會馬上陷入削價競爭。

相較之下，左上角的「有搜尋關鍵字」「有很多競爭者」還比較好賣一點。然而，因為有很多競爭者，要排在搜尋結果的上方就很困難。

這麼一來，右下角的「沒有搜尋關鍵字」「沒什麼競爭者」可說具有很大的商機。雖然還沒有搜尋關鍵字，但是只要品牌策略做得夠好，促使消費者用原創的品牌名稱或店鋪名稱搜尋，就有可能吃下整個市場。

當然，最好賣的莫過於右上角「有搜尋關鍵字」「沒什麼競爭者」的商品。然而，這麼完美的商品不會輕易從天上掉下來，必須隨時把市場狀況及搜尋關鍵字的市場輸入到腦子裡，尋找適合的商品。

強化消費者長期訂購的決心

強調長期的效果和好處

「長期訂購」指的是每個月一次，在固定的日期送上固定的商品，可以省下特地出門或上網購物的時間，因此成為頗受消費者喜愛的網購服務。其所販賣的商品包羅萬象，除了健康食品或產地直送的蔬菜以外，還有花和衣服等等，長期訂購讓世界逐漸從「方便」變成「快樂」的世界。

為了吸引消費者長期訂購，重點在於要讓消費者強烈的認為「唯有長期訂購才能買到商品」。必須利用帶有強烈訊息的文案來製作商品頁。光靠贈品般的服務「也提供長期訂購的服務喔～」聰明的消費者馬上就會提高戒心。若想增加真心想長期訂購的人，至少要製作新的長期訂購專用網頁方為上策。

另外，還必須在長期訂購服務的介紹頁裡明確告知長期訂購的好處。除了價格會變得更優惠以外，還要清楚明白的告訴消費者可以省去每次訂購的麻煩，而且透過定期收到商品，長期使用下來有更多好處等等，這點至關重要。

對中途解約也要做好萬全的準備

為了避免讓人對長期訂購踩煞車，就不能讓消費者覺得「沒必要了」。如果是健康食品，要強調效果、功能；如果是流行服飾，要讓人期待收到商品的樂趣。明確的界定出每個月收到商品的好處，就能讓人持續的長期訂購。此外，與商品一起送上內容很有趣的廣告信、每個月推出吸引人的新商品，都能讓消費者對定期收到商品以外的東西也產生興趣，藉此繼續延長長期訂購的持續期間。

還有，長期訂購要中途解約時是最容易發生糾紛的時候。消費者對商品已經有所不滿，萬一再加上退費或退貨的爭議，等於是火上加油。因此，不妨製作鉅細靡遺的中途解約教戰手冊，盡可能減少犯錯比較好。

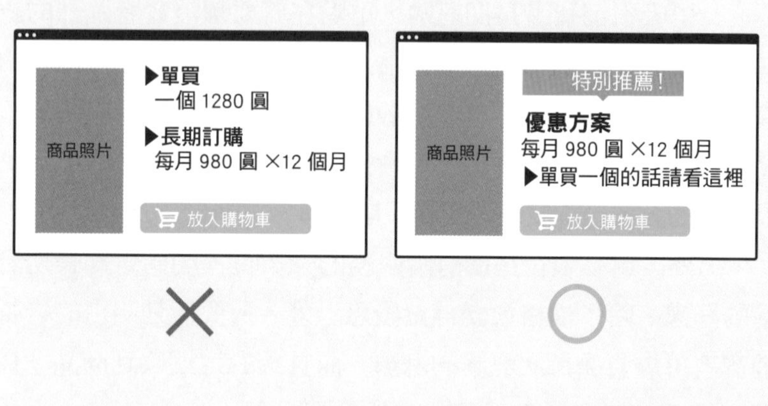

重點在這裡！

一般網路商店通常是把一個一個購買商品的行為視為「常態」，將長期訂購視為「非常態」。因此在製作網頁的時候會優先考慮到單買一個的情況。然而，一旦把網頁做成那樣，消費者也會認為「長期訂購是非常態」而裹足不前。為了不讓事情變成那樣，賣方必須採取大力強調「長期訂購才能了解我們家商品真正的優點」的銷售方式。

舉例來說，如同前一頁的圖表左側所示，在購物車的旁邊一視同仁的列出「單買一個」和「長期訂購」的選項，會讓買方覺得「單買一個」的風險比較低，所以就會選擇只買一個。然而，如果像右圖那樣，將購物車做成明顯是要強推長期訂購，消費者也會做出「這樣買最划算」的判斷，而選擇長期訂購。不要可有可無的抱著「只要有人願意長期訂購就謝天謝地了」這種聽天由命的心態，而是在製作網頁時要強烈的告訴自己，「我們這家公司只提供長期訂購」。

發現網頁遭到模仿，請先試著自己解決

即使產生著作權之爭，也幾乎要不到損害賠償或補償金

凡是開門做生意，或多或少都會捲入法律上的紛爭。既然牽涉到金錢，至少要有一點處理問題的技巧。

經營網路商店最常發生的糾紛，無非是網站的設計遭到模仿的問題。然而，大部分都是被模仿的人想太多，看在第三者眼中，多半只會覺得「一點都不像」。因此，倘若覺得「被抄襲了」，請馬上先跟認識的人商量，聽取客觀的意見。

萬一經過確認，確定網站的設計或文案真的遭人模仿，建議先以電子郵件提出警告。這時，絕大多數的企業都會選擇道歉，並撤下設計相仿的網頁。如果這樣還不下架的話，就要採取下一個步驟，打電話要求對方撤下網頁。如果這樣還不下架的話，就要採取最後的手段，也就是寄出存證信函。

當事情演變到這個地步，就要請律師打官司。但是如果真的陷入這種僵局，建議不要追究到底，見好就收。另外，由於網頁是種宣傳媒體，現狀是即使產生著作權之爭，也幾乎要不到多少損害賠償或補償金。都已經追究到這個地步，還不肯撤下抄襲網頁的人，很可能是相當沒常識的經營者，所以還是不要跟這種人繼續糾纏下去比較好。

反過頭來，如果是自己被告，建議老實認錯，乖乖道歉。

只是做出來的網頁剛好大同小異的狀況所在多有，這時只要馬上道歉，就能大事化小，小事化無。

牽涉到商品或商標的模仿，應該委託律師慎重處理

不過，若牽涉到商品或商標的模仿，可能會演變成商品本身要報廢，或是要銷毀已經包裝好的商品，所以最好慎重的處理。倘若對方已經請了律師，自己也要雇律師爭取權益，才能得到公平的結論。要是因為「捨不得律師費」而以外行人的身分親上火線的話，通常都會吃到苦頭。這時請不要捨不得花錢，委託律師代為處理爭議吧。

另外，關於找律師的方法，並沒有「特別精通網路商店相關法律的律師」，因此不管委託哪個律師，在解決問題時都不會有太大的差異。不妨透過認識的人介紹或上網找，也可以跟商會等機構商量，對方會引薦當地好配合的律師，所以建議先問問看。

積極舉辦行銷活動，有助於強化社群網路和 SEO

如果不辦活動，與消費者接觸的機會就會減少

像樂天市場或 Amazon 那樣，只要購物商城積極舉辦行銷活動，網路商店就能不費吹灰之力的吸引到鎖定那個活動而來的消費者。然而，自家網站如果不主動推出那種企畫，就無法搭上行銷活動的順風車，提升營業額。有鑑於此，自家網站必須一年四季定期舉辦行銷活動，主動採取加速提升營業額的銷售方法。

多舉辦一些行銷活動有許多好處。首先是行銷活動一多，提供給消費者的資訊量也會跟著增加。這麼一來，部落格或臉書的內容一多，與消費者接觸的機會也會跟著增加，所以就能加快消費者變成好顧客的速度。其次，一旦定期舉辦行銷活動，消費者就會開始期待下次的活動，自然比較容易籠絡消費者。

相反的，行銷活動太少的話，提供的資訊量會變少，部落格和臉書的內容也會減少。這麼一來，不只是與消費者接觸的頻率下降，也不利於 SEO。如果是小型的網路商店，更需要與消費者建立深厚的關係，因此請積極舉辦行銷活動，把心力花在增加內容上。

至少要從半年前就開始行動

至於行銷活動的內容，請盡量舉辦淺顯易懂、簡單明瞭的活動。若能以二～三周一次的頻率舉行，也比較容易留在消費者的記憶裡，能給人「只要去那家網路商店，肯定會有什麼活動」的印象。

不過，從商品進貨到製作網頁都要花時間和精神，所以網路商店的行銷活動需要比較長的準備期間。至少要從半年前就開始行動，才能推出讓人滿意的行銷活動。所以請盡量養成早一點採取行動的習慣。

如前所述，若希望不增加商品數量、不花廣告費也能提升營業額，就必須盡可能把花在行銷活動上的錢省下來，取而代之的是要多花點時間和精神。由於營業額會比照行銷活動的次數等比例成長，請腳踏實地的舉辦培養粉絲的活動，對消費者布下包圍網。

表格由泰國批貨 電商顧問 顏毓賢（Ricky）整理

1 月的搜尋關鍵字趨勢

零售業	過年 開運 元旦 祈福 春節 開運小物 單身 家飾擺設	開運 彩券 牛皮膠帶 招福小物 達摩 不倒翁 旅行箱
食品	迪化街 年貨 年菜 元宵 湯圓	棉花糖 花草茶 超級食物 尾牙 紅燒牛肉
流行服飾、運動用品	紅內褲 開運內褲 圍巾 健走鞋 韓版外套	女裝 福袋 過年新衣特價 無袖外套 禦寒外套 韓版女裝

【趨勢分析】

- 「跨年」、「過年」相關關鍵字本月熱搜度極高。
- 受日本文化影響，元旦過後，「開運」及「招福」相關物品相對搜尋量提高。
- 流行服飾的熱門關鍵字皆與「過年新衣」有關。
- 受韓劇影響，某齣韓劇若討論度高，相對會帶動戲中人物的穿著款式配件買氣。

2 月的搜尋關鍵字趨勢

零售業	福袋 2017 福袋 福袋大獎 福袋販賣機 保濕 美容液 燈籠 煙火 白色情人節 回禮	228 連假 情人節 國際書展 花季 台灣燈會 平溪天燈 泰迪熊 口罩 兒童
食品	酪梨醬 墨西哥脆片 情人節巧克力推薦 布朗尼 作法 火鍋食譜 生巧克力的作法	春酒 佛跳牆 圍爐 年菜 團圓飯 蛋糕
流行服飾、運動用品	新衣 風衣 春天 靴子 春大衣 女裝 白色 搭配	雪紡 連身洋裝 紅色開運 紅色內衣 紅色內褲 開運服飾

【趨勢分析】

- 二月重大節慶為「過年」和「情人節」，商品若搭上此二關鍵字能見度可提高。
- 本月因學生們剛領完壓歲錢，所以「國際書展」和與學生有關活動通常會辦在此時，可結合線上線下一起辦活動。
- 二月通常會遇到農曆新年，因此服飾會大賣的顏色則多偏向「紅色」。
- 服飾類的話，「春裝」相關關鍵字也開始逐漸出現大量搜尋量。

3 月的搜尋關鍵字趨勢

零售業	自拍 深度學習 野餐盒 口罩 花粉 過敏	白色情人節 38 婦女節 萬金石馬拉松 竹子湖海芋季 帽子
食品	復活節彩蛋 炸魚薯條 含羞草 巧克力	蛋糕 野餐便當 辦公室團購 下午茶
流行服飾、運動用品	春裝 棉質 外套 魚口鞋 包鞋 指甲	假兩件運動褲 蕾絲 襯衫 防風防水保暖外套

【趨勢分析】

- 因遇「白色情人節」，DIY 巧克力、蛋糕商品買氣超夯。
- 三月因有賞花活動，會帶動「野餐」相關用品的買氣。
- 台灣人熱愛揪團購，「下午茶」、「微波即食」商品非常暢銷。
- 天氣回暖，大家開始會往戶外走動，戶外相關服飾和運動用品類商品可順勢推出。

4月的搜尋關鍵字趨勢

零售業	名片夾 野餐墊 防曬 瑜伽墊	兒童節 宜蘭綠色博覽會 整人玩具 愚人節
食品	酥油 檸檬水 蛋白質棒 街頭小吃 跳跳糖	復活節彩蛋 竹筍 保存 復活節 糖果 飯盒
流行服飾、運動用品	棉質外套 魚口鞋 包鞋 棒球手套 桌球 球拍	童裝 泳裝 合身 雨衣 太陽眼鏡

【趨勢分析】

- 4月1日愚人節，帶動相關「整人」玩具、食品的買氣。
- 天氣逐漸變熱，「防熱、防曬」的相關用品關鍵字搜尋量上升。
- 台灣人因熱中食補養生，因此「吃對時」的當令蔬菜水果也會成為熱門關鍵字。
- 從「瑜伽墊」的熱搜程度，可觀察出國人對瑜伽運動的喜好程度提升。

5月的搜尋關鍵字趨勢

類別	關鍵字	關鍵字
零售業	哈雷彗星 防曬產品 樂高人偶 多肉植物 康乃馨 除濕機 太陽眼鏡 吸汗內衣	母親節禮物 端午節用品 客家桐花祭賞花 澎湖海上花火節 望遠鏡 止汗劑 陽傘 戶外帳篷
食品	梅酒 醃漬 兒童節 食譜 醃梅子 草莓果醬	黑鮪魚季 粽子 母親節蛋糕 養生食品
流行服飾、運動用品	美女與野獸 跑步舞 足球超級聯賽 夏威夷襯衫 花襯衫 涼鞋	划龍舟 海灘鞋 連身服 短袖 雨衣 女 防水鞋 雨靴

【趨勢分析】

- 五月第二週星期天是「母親節」，與媽媽相關的禮物、食品關鍵字會非常夯，網購廠商通常會趁勢舉辦為期一個月的母親節慶祝優惠促銷活動。
- 梅雨季來臨，帶動「雨具」買氣。
- 天氣逐漸變熱，「止汗、吸濕除臭排汗」商品開始出現搜尋量。

6 月的搜尋關鍵字趨勢

零售業	雨傘 防蚊 電風扇 防水包 陽傘 晴雨兩用 涼鞋	畢業禮物 婚禮小物 衛生紙 後背包 除濕機
食品	咖哩 椒鹽脆餅 美式肉餅 冷烏龍麵 刨冰	謝師宴 夏至 冰淇淋 保冷瓶 涼感毛巾
流行服飾、運動用品	連身泳衣 NBA 總決賽 短袖襯衫 兒童 涼鞋 男用雨靴 游泳 包巾	福隆沙雕 京東 618 購物節 T-shirt 草帽 男 女性上衣

【趨勢分析】

- 雜貨類商品居首：雜貨、背包、女性上衣、褲子、T-shirt
- 季節性相關品類商品竄出：雨傘、雨衣、自動傘、UV 傘、反向傘、連身雨衣…
- 畢業季來臨，相關畢業禮物、謝師禮物搜尋量會提升。
- 天氣逐漸變熱，「涼感」、「冰品」商品搜尋量也提升。

7月的搜尋關鍵字趨勢

類別	關鍵字	關鍵字
零售業	指甲花 接睫毛 法式辮子 掃把頭 腰包 圍旗	海洋音樂祭 電音 熱氣球 / 熱汽球 遮陽板 車 袖套 男 隨身風扇 啤酒機
食品	冰咖啡 冰淇淋 秋葵 鰻魚 價格 啤酒	冰品 飲料 消暑 低卡零食 運動飲料
流行服飾、運動用品	健身房 厚底 涼鞋 浴衣 髮飾 男 草帽 短褲 男 泳褲	游泳 運動衣 運動褲 運動內衣 熱身褲

【趨勢分析】

- 夏日炎炎，「水上活動」相關商品關鍵字搜尋量大為提高。
- 「消暑解熱商品」關鍵字也會成為熱搜關鍵字。
- 天氣炎熱，怕曬民眾大都會轉作室內運動，與「健身房」相關用品關鍵字可多加注意。

8 月的搜尋關鍵字趨勢

類別	關鍵字	
零售業	返校日 寶可夢 行動電源 禮帽 書包推薦 防災食品	童玩節 手提包 出國用品 旅遊收納袋 兒童游泳池
食品	番茄醬 飲料 代餐 剉冰	紅豆水 薏仁水 消水腫茶
流行服飾、運動用品	世大運 紀念衣 滑水道 沙灘排球 羽球	泳鏡 針織帽 防踢背心 泳帽

【趨勢分析】

- 放暑假，很多大學生會利用此時出國畢旅，相關「旅遊用品」關鍵字會提升。
- 夏天胃口通常不會太好，很多人會利用此時減肥，可注意「代餐」有關關鍵字。
- 食品方面出現了「消水腫」相關關鍵字。
- 「球類用品」及「自行車」相關關鍵字搜尋量大為提升。

9 月的搜尋關鍵字趨勢

零售業	掃地機器人 開學 文具用品 熨斗 原子筆 鋼筆	中元節 普渡用品 教師節 謝師禮物 抗過敏 耳罩式耳機 智慧型手機
食品	穀麥 鳳梨 萬聖節便當 栗子飯	紅藜麥 鮭魚 螃蟹 葡萄
流行服飾、運動用品	蘇格蘭裙 韓版連身裙 背心 針織 秋裝 小洋裝	登山鞋 登山杖 防滑拖鞋 健走鞋 防風運動外套

【趨勢分析】

- 隨著開學季到來，相關「文具」類用品關鍵字搜尋量相對提高。
- 天氣轉涼，「賞楓」相關食品、服飾關鍵字搜尋量上升。
- 養生風氣興起，「紅藜麥」成為養生食品新寵兒。
- 「登山」相關用品關鍵字上升。

10月的搜尋關鍵字趨勢

零售業	頸鏈 刷破牛仔褲 風衣 VR 虛擬實境 中秋禮盒 烤肉爐 衛生褲	中秋節 烤肉 AR 擴增實境 萬聖節 趴踢 自行車 環島 萬聖節服裝 兒童 筆記型電腦 自行車
食品	果汁 墨西哥捲餅 月餅 烤肉 新米	地瓜 推薦 火鍋 南瓜 柿餅 蘿蔔 食譜
流行服飾、運動用品	韓版秋裝 男鞋 靴子 爆汗褲	防風外套 韓國飾品 車褲

【趨勢分析】

- 因秋季電子展,帶動 3C 相關商品關鍵字搜尋量:PC、平板、筆電、手機
- 「自行車」環島風氣盛行,帶動「自行車、車褲、安全帽」關鍵字搜尋量上升。
- 「VR/AR」 相關新興應用商品關鍵字深受矚目。

11 月的搜尋關鍵字趨勢

類別	關鍵字	關鍵字
零售業	彈翻床 萬用手帳 手套 保暖 醫用口罩 對戒	雙 11 優惠 暖暖包 LEGO 藍芽耳機 電暖器
食品	溫泉美食 火鍋 聖誕節蛋糕 巧克力 聖誕節火雞	薑母鴨 羊肉爐 麻辣鍋
流行服飾、運動用品	鋪棉夾克 男 西裝式大衣 保暖圍巾 羽絨衣 男靴	溫泉泡湯 用品 入浴劑 手套 電熱毯

【趨勢分析】

- 針對「保暖」類的用品關鍵字上升。
- 食品類的熱搜關鍵字也大都跟「鍋類」大幅相關。
- 「溫泉、泡湯」這個屬於季節性的熱搜關鍵字也可善加利用。

12 月的搜尋關鍵字趨勢

類別	關鍵字	關鍵字
零售業	加熱毯 聖誕節禮物 交換禮物 開運擺飾 除濕機 推薦 PS4 後背包	雙 12 護唇膏 耶誕節 / 聖誕節 短靴 煙火 迎曙光 跨年
食品	火雞 聖誕大餐 烤雞 聖誕節 聖誕節 大餐 冬至	聖誕節 火鍋 年底 禮物 食品 湯圓 年菜
流行服飾、運動用品	羊毛大衣 羽絨大衣 長版 女 針織連身洋裝 秋冬 內搭褲 牛仔褲 帽子	馬拉松 雪衣 收納包 女性上衣

【趨勢分析】

- 「防寒禦冷」關鍵字絕對會是冬季熱搜關鍵字。
- 「聖誕節 / 耶誕節」相關關鍵字無非會是本月熱搜關鍵字，其延伸出來的關鍵字，如：交換禮物、聖誕趴踢，也會被搜尋很多。

資料來源：(2016 年 8 月~2017 年 9 月)

1.Google 搜尋趨勢 >>2016 年遽增的搜尋字詞
https://www.google.com/intl/zh-TW/trends/2016records/
2. 台灣各大比價網
3. 台灣各大拍賣平台
4. 鷹眼數據

透過訪問解讀成功的祕密

同為經營自家網站的人，其實彼此之間並沒有什麼交流的機會。因此不妨參考以下幾位自家網站經營者的親身體驗，從中學習經營的知識技術。由於市場上陸陸續續的出現了一些採取獨到銷售方法的網路商店，不只是知識技術，就提升幹勁及士氣的角度來說，也請務必一讀。

INTERVIEW
01

「真心話」座談會

「經營自家網站真的是網路商店最好的方法嗎？」

自家網站由於是個人獨自經營的事業，很少有交換情報的機會是真實的現狀。因此幾乎沒有機會可以知道彼此的自家網站正處於什麼樣的情況。這次在 GMO MakeShop 股份有限公司的協助下，邀請了使用其購物車服務「MakeShop」的五家網路商店經營者齊聚一堂，請教他們經營自家網站的「真心話」。從經營自家網站的甘苦談、經營手法、到結合樂天市場或 Amazon 一起運用的祕辛等等——請收看充滿各種「真心話」的座談會。

為何堅持要有自家網站？

——首先想請教各位，堅持要有自家網站的原因。

柄澤「主要還是因為獲利率吧。要是被購物商城那邊收取太多手續費，這時由於損益平衡點上升，經營就會變得很困難，但自家網站在這方面具有壓倒性的優勢喔！」

樋口「以樂天市場為例，一旦加上刷卡手續費或紅利點數之類的，有時候竟高達營業額的 20% 左右呢。因為連寄封電子郵件都要收錢。」

栗田「我們家原本從事旅館業，非常重視每一位客人的感受，因此無法像樂天市場或 Amazon 那樣自由的運用顧客情報。」

——一旦要經營自家網站，果然還是會被拿來跟樂天市場比較。消費者的性質也跟自家網站不同對吧？

八卷「截然不同呢。樂天市場的消費者只會在樂天市場買東西，尤其是對紅利點數錙銖必較。」

——由此看來，似乎很難將消費者從樂天市場誘導到自家網站。是否下過什麼工夫呢？

八卷「稱不上是什麼工夫啦，只是把樂天市場的售價設定得稍微高一點（笑）。這麼一來，消費者就會流到比較便宜的自家網站。」

——這真是有趣的銷售手法呢。

大家都是如何集客的？

——接下來才要開始經營自家網站的今井先生，打算採取什麼方法集客呢？

今井「說起來真不好意思，我對 SEO 一竅不通，所以打算先從在樂天市場開店開始。反而想請教各位，自家網站都是如何集客的？」

栗田「我們家是利用平假名的「おとりよせ（譯註：即網購、調貨之意）」這個關鍵字搶攻搜尋結果的前幾名，但是一直衝不上去呢。因此，最近正致力於從企業集團的網站腳踏實地集客。」

八卷「我們家則是利用 SEO 和搜尋引擎廣告和廣告信來集客。」

樋口「我們是靠臉書和實體店鋪。還有，我們家在樂天市場也有開店，所以樂天市場的經營顧問會定期來敝公司指導。他們會告訴我們許多知識技術，所以也將其運用在自家網站上。」

Dessus Dessous股份有限公司
董事長
樋口智也先生

Dessus Dessous
http://www.dessus-d.com/

販賣所有芭蕾用品的網路商店。在淺草與青山共有兩家實體店鋪。經營網路商店長達14年的老手。獨家商品占了九成。基於「不實施免運費及特賣」的策略，營業額持續成長，一向都有六成的毛利率。除了自家網路商店以外，也在樂天市場、Amazon、Yahoo購物中心等三處經營網路商店。

——這個從各種角度來說都很有效（笑）。

柄澤「我們家的網路商店則是善用推特和 LINE@ 作為集客工具。智慧型手機賣出去的比率占了八～九成。」

—因為智慧型手機的普及率很高。

柄澤「我猜是因為商品的目標顧客群與智慧型手機使用者的同質性很高。我們家的銷售手法是以社群網路告知、蒐集消費者的轉推、透過面面俱到的應對將顧客誘導到手機網站。」

—運用 LINE@ 的網路商店其實不多。

All Stadium股份有限公司
董事長
八卷宏先生

咖哩競技場
http://www.currystadium.com/

經營販賣各種口味的咖哩調理包的網路商店。自行研發的咖哩占了營業額的大半。只要超過100個獨家咖哩調理包就能下訂單，透過網路商店下的訂單多達1～2萬個的情況屢見不鮮。經營網路商店已八年。

柄澤「LINE是讓消費者用一句話釋出訊息的工具。由於是以『好可愛』或『好想要這個』的感覺在操作，所以我認為重點在於要從周到的回答這些隻字片語開始溝通，與消費者建立起信賴關係。」

—原來如此。正因為具備了「商品實力」與能夠表達商品優點的「表現能力」這些優勢才能採取這種銷售手法呢。對了，各位會用搜尋引擎廣告來集客嗎？

八卷「我們家用是會用，但是並未投注太多心力。因為投資報酬率比以前低，相較於搜尋引擎廣告，自家網站還有很多能讓營業額成長的策略。」

栗田「我們家也差不多。即使公司方面說可以花這麼多廣告費，也不會全都砸在網路廣告上。我們還在摸索各種廣告的用法，例如平面媒體或電視媒體等等。」

獨家的商品比較好賣
也是自家網站的一大優勢

——自家網站不同於樂天市場，無論採取什麼方式，只要能對公司的利潤有所貢獻即可。既然如此，創造營業額的方法琳琅滿目，也是自家網站有趣的地方。

栗田「不只是銷售手法，在商品方面，自家網站也具有獨家的商品比較好賣的優點。以我們家為例，由於旗下也有滑雪場，會在

Vamola Japan股份有限公司
董事長
柄澤雅之先生

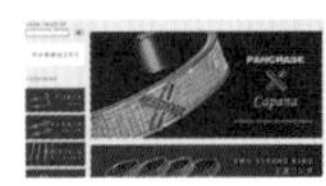

Capana
http://www.capana.jp/

除了施華洛世奇的自家公司品牌的網站以外，還經營好幾個自家網站。現在的網路商店雖然只開了三年半，但以前包括樂天市場在內，具有許多經營網路商店的經驗。不花半毛錢的廣告費，以社群網路展開行銷策略。善用口碑行銷，也有很多知名人士都是愛用者。

網路上販賣纜車吊椅的早鳥票。」

—那可真是特殊的商品啊。大家果然對獨家的商品情有獨鍾嗎？

樋口「我們是以自行研發的商品或量身訂製的商品為主。因為批貨來賣的商品，想像空間無論如何都會受到局限。就算努力找到暢銷商品，也很快就會被其他的網路商店發現並加以模仿……如此周而復始。」

—就競爭力這個角度來說，還是要有獨一無二的商品比較好呢。

要如何學習到經營的知識技術呢？

——對了，各位一開始就是利用 MakeShop 的購物車嗎？

八卷「老實說，我以前是用別家公司的購物車。但是隨著營業額的成長，便宜的購物車果然還是應付不來。於是我試用了各式各樣的購物車後，發現 MakeShop 是功能最多、最好用的，所以就換過去了。」

今井「以我為例，創業當時使用的是免費購物車，但是對其反應有些不滿意的地方，考慮到未來的事，沒多久就換成 MakeShop 了。」

—就算只是一個購物車，還是要蒐集情報。話說回來，各位是如何學習到經營的知識技術？

八卷「我是透過參加 MakeShop 主辦的研討會來學習。然後再看部落格、讀網路商店顧問的電子報，藉此獲得知識技術及最新情報。」

樋口「我通常是向實體店鋪學習知識技術。但還是得傾聽消費者最真實的聲音、親眼觀察他們買東西的過程，才能知道消費者想要什麼樣的商品、會買什麼樣的東西。」

—手機網站要怎麼製作？

八卷「觀察風評好的手機網站，擷取他們的優點，運用在自家公司的手機網站上。因為生意好的手機網站一定有他們的原因。」

如何發揮影片特有的魅力？

——關於影片是怎麼操作的？

樋口「如欲表達商品形象，影片就成了不可或缺的內容。因為唯有影片才能表達出禮服輕柔飄逸的感覺。」

柄澤「我們家是利用影片來呈現施華洛世奇的光燦耀眼。因為透過影片比較容易理解施華洛世奇的光彩奪目，也比較容易分享。」

—柄澤先生的網路商店的影片水準相當高，影片的品質果然很重要吧。

柄澤「我們對影片的品質非常講究。無論何種商品或服務，都建議用影片來表達無法用照片表達完整的訊息。我認為未來其實可以把主圖和詳細的商品說明全都做成影片。」

東急度假村服務股份有限公司
經營企畫部
商店購買小組 主任
栗田勳夫先生

逸品おとりよせ
http://www.ippinotoriyose.jp/

原本是度假村飯店提供給會員的網路購物服務，自2015年起搖身一變成為網羅各地食材及工藝品的產地直銷網站。採取直接從位於全國49家自家公司旗下設施（滑雪場、飯店、高爾夫球場）的特產上傳到網路商店的作法，營業額比前一年成長一倍以上。經營網路商店的資歷約八年。

栗田「我所經營的網路商店是販賣全國各地特產的網站，所以希望將來可以用只有那個地方才有的影片來介紹商品。舉例來說，若能上傳農家的人邊拔蘿蔔邊喊『拔出來了！』的影片，肯定會成為很有趣的內容吧！」

對於人才的想法

——要怎麼挖掘在網路商店工作的人才？

樋口「我們家是僱用應屆畢業生。因為 MakeShop 的操作很簡單，只要是年輕人，基本上都只要半年左右就能掌握住使用方法。然後再把剩下的工作交給在家工作的工作人員。」

柄澤「我會提醒自己要採取人數不多也能經營的方式。」

——是指提高業務的效率嗎？

柄澤「嗯……有點不太一樣。以我為例，我會致力於創造出暢銷商品。一旦創造出暢銷商品，就算只有那樣商品大賣，導致其他商品賣不出去，營業額也可能會繼續成長。換句話說，可以把火力集中在某些品項上，結果就能提高業務的效率，即使人數不多，事業也忙得過來。」

IL SALOTTO股份有限公司
董事長
今井淳一先生

IL SALOTTO
http://www.ilsalotto.co.jp/

以進口車的原廠零件為主，販賣美國製的精緻滅火器。在參加座談會的時候才剛創業四個月，但是在樂天市場上的單月營收已經突破500萬圓。為了學習接下來要開幕的自家網站的營運方法，參加了這次的座談會。

只有自家網站才能做的生意夢愈做愈大

——最後，請各位用一句話來總結自家網站今後的經營。

樋口「不管是樂天市場或Amazon或Yahoo購物中心，競爭全都愈來愈激烈了。這麼一來，我認為自家網站的營業額遲早也會變得跟其他三大購物商城差不多也說不定。預測到這一點，我們家的網路商店未來將加強與實體店鋪的合作，培養出更忠實的顧客。」

柄澤「今後將一面關注獲利率，對包裝材料進行投資，希望能將更多精力投注在利用口碑來推廣的行銷結構。還有，最近經由Instagram的營業額也很亮眼，所以也想對那方面的行銷多加把勁。」

八卷「今後也將致力於自家網站的經營。因為架設網站的自由度夠高，獲利率也不低，靈感會一個接著一個的冒出來。能製造出許多與消費者接觸的機會也是自家網站的優勢。所以今後打算利用這個優點，繼續提升營業額。」

栗田「希望能讓消費者方便使用，所以還是會接著運用能自由客製化的自家網站，否則就無法成為能讓想在度假村享受悠閒的高收入消費者感到滿意的網路商店。將來希望能提供把消費者訂購的商品送到飯店客房的服務。」

【主持人】竹內謙禮

經營顧問。本書的作者。連續兩年在樂天市場榮獲Shop of the Year。除了網路商店以外，也精通實體店鋪的行銷。擔任本次座談會的司儀。著有《這輩子要這樣窮下去嗎？沒有富爸可靠也能致富的40種思考術》《超快速！完美企劃書》等書。

今井「聽完大家說的話，今天真的獲益匪淺。只要能好好的善用自家網站，就能讓網路商店代替型錄，立刻提供報價單的服務不是很有趣嗎？一思及此，我再次感覺自家網站真的很自由，可以把生意夢愈做愈大。」

INTERVIEW
02

成功人士專訪

「由 1 名主婦成立的小型網路商店 如何變成僱用 30 位主婦，在許多百貨公司販賣商品的知名商店」

即使本錢不夠多也能創業，所以經營網路商店是從以前就很受創業者喜愛的一門生意。以下將帶大家回顧 1 位主婦如何靠經營網路商店成功的例子，來思索即使資本額不大也能成功的經營自家網站的知識技術。

（【訪問者】竹內謙禮）

從區區 5 萬圓本金開始創業

——請告訴我們開始販賣嬰兒背帶收納包的起因。

「當時，嬰兒背帶有很大的市場，但是不用的時候就垂在那裡，看起來很難看，走路時要是勾到會很危險。就算收進環保袋裡隨身攜帶，拿進拿出的也很麻煩，我一直為此感到不滿，心想難道不能想想辦法嗎。」

——所以就自己設計了嬰兒背帶的收納包嗎？

「因為我還算是擅長裁縫，總之就想自己做做看。結果請容我自吹自擂一下，完成品既方便又好看（笑）。上傳到自己的部落格之後，得到相當熱烈的回響，心想既然如此，就把作法做成 PDF 檔，供大家下載。」

——原來如此，您把作法公開啦。

「那個 PDF 檔被下載的次數遠超過我的想像，於是又想到『這說不定是個商機』，從此開始決定要販賣嬰兒背帶的收納包。」

——剛成立網路商店之際，花了多少本金呢？

「5 萬塊。」

——好少啊！

「因為用不會威脅到家計的金額來創業，就算失敗也不會給家

LUCAxCOH股份有限公司 董事長

仙田忍女士

短大畢業後，當了10年口腔衛生師。後來經歷過結婚、生子，於2012年10月，孩子2歲的時候以5萬圓的零用錢為本金創業。創業第1年就僱用了30名媽媽級的工作人員，擴大事業版圖，第2年達成650萬圓的單月營收。榮獲網路商店大獎2013年後期婦嬰、育嬰用品部門綜合冠軍。晉級由近畿經濟產業局主辦的關西女性創業家商業比賽最終決賽，囊括了8家贊助商。榮獲第4屆大阪府Start Upper商業比賽綜合冠軍。

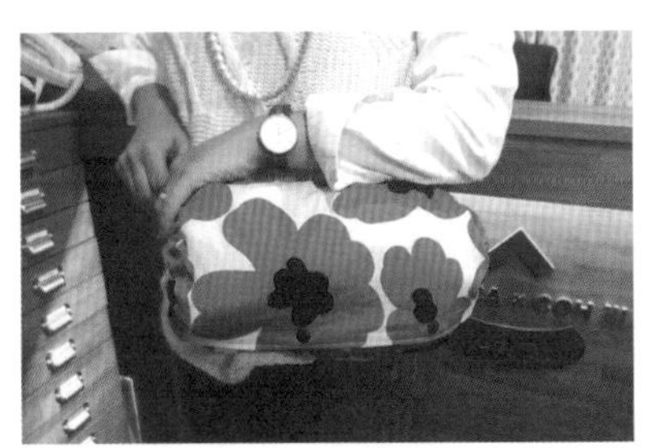
嬰兒背帶的收納包是暢銷商品。

人帶來麻煩（笑）。」

——**周圍的反應如何？**

「雖然有人支持，但反對意見也不少，像是『過去沒有也無所謂的東西賣得出去嗎？』因此我便以『賣得出去！』『因為很方便，希望能讓更多人使用！』這種不甘心的感覺為動力，總之先花了2000圓買布料，自己做出來販賣。」

半年就讓單月營收超過100萬圓的祕密為何？

——**營業額從一開始就很亮眼嗎？**

「我從以前就一直在寫部落格，所以部落格本身就有很多讀者。多虧了那些人的支持與購買，打從一開始就賣得很好。還有，我猜商品名稱一聽就知道是什麼東西也是暢銷的原因。」

——**商品名稱嗎？**

「因為嬰兒背帶和收納包都沒有特定的名稱，所以『LUCAxCOH』就成了令人印象深刻，很容易留在記憶裡的名稱。如此一來，三兩下就在消費者之間傳開。例如在醫院的候診室裡，只要有人使用我們家的嬰兒背帶收納包，雖然是沒看過的東西，但是轉眼間就能把背帶收好，就會出聲詢問『這是什麼？』被問到的時候，若那位母親回答『這玩意兒叫LUCAxCOH。』名稱馬上就會被記住了，一旦上網搜尋到，就會來買。」

——**商品名稱很重要呢！**

「還有，我認為商品的特性也很重要。LUCAxCOH的平均單價為 2000 圓～ 3000 圓，因此也很適合買來送給要當媽媽的人當慶祝生產的禮物。」

——說的也是，如果是慶祝朋友當新手媽媽的賀禮，的確是很恰當的金額呢。

「還有，與生產有關的商品一直會有新的消費者進來，所以會有源源不絕的新客源，這點也很重要。」

——這麼說來，會暢銷的原因也就能理解了。

「我想自己只是運氣好。因為運氣好，賣得還不錯，所以半年後的單月營收就超過 100 萬圓。」

靠「讓母親開心的職場」的品牌，達成 650 萬圓單月營收

——好厲害啊。從生產到製作網頁，全都是您一個人搞定的嗎？

「因為我從以前就很喜歡打電腦，從生產到製作網頁，全都是我一個人搞定的。還要一邊帶小孩，就連出貨、接電話都是一個人處理（笑）。其實很辛苦喔。」

——不是很，是非常辛苦吧。後來就僱用了員工嗎？

「沒錯。但不是正式員工，所有人都是兼差的。」

——為何想僱用兼差的人員？

「因為既然製作的是給母親用的商品，希望能打造出一個能讓母親開心上班的職場。將工作時間分成上午和下午，盡可能縮短兼差的時間。而且想打造成萬一小孩感冒，隨時都能毫無壓力的請假，不管什麼

仙田女士從小就對操作電腦很有興趣。

因應布料製作出各種不同的款式。

原因都能請到假，大家互助合作的職場。因為女性在受到家人及社區的支持同時，也有很多這方面的雜事要處理。」

——這對有小孩的母親來說，是很理想的工作環境呢。

「對呀。結果有 70 個人來應徵。」

——這麼多！

「我僱用了其中的 30 人。這麼一來，以增加婦女二度就業機會的新職場受到媒體的矚目，接到電視及報紙的採訪，導致 LUCAxCOH 的知名度也跟著水漲船高。」

——原來如此，靠著讓母親開心工作的職場，又增加了新的品牌實力呢。

「在那之後，隨著工作人員的增加，LUCAxCOH 嬰兒背帶收納包的款式增加到多的時候多達 150 種，隨時都有 100 種花色以上。托大家的福，單月營收得以成長到 650 萬圓。」

——成長得好迅速啊。

放長假的時候，會出貨到 Amazon，讓所有員工休假

——販賣方法只有網路商店嗎？

「偶爾也會在百貨公司主辦的特賣會販賣，但九成的營業額都是以網購為中心。也幾乎未曾批發給大盤商。由於是不夠充分理解就難以了解其價值的商品，還是想盡量自己親手販賣。」

——除了自家公司以外還在什麼地方販賣呢？

「也利用 Amazon 販賣。像是暑假或寒假的時候，主要都是利用 Amazon 販賣。」

——為什麼？

「因為 Amazon 有可以直接從倉庫送到消費者手上的 FBA（亞馬遜物流＝ Fulfillment by Amazon）。放長假的時候，為了讓打工的媽媽們休假，會把商品出到 Amazon，我們全都放大假去了。」

——這種使用 Amazon 的方法還真是別出心裁啊（笑）。簡直是前所未聞。

可以隨心所欲的運用銷售方法的自家網站「很開心」

——請問一下，成立網路商店時，是否煩惱過要用自家網站還是樂天市場？

「煩惱過啊，而且是非常煩惱（笑）。問題是當時的樂天市場一開始就要先收 40 萬圓左右，但我當時只有 5 萬圓的本金，所以根本不可能在樂天市場開店。還有，樂天市場最初邀請我去開店的工作人員提供的協助及時機也不對，令我產生『萬一在樂天市場開店，真的能得到完整的協助嗎？』的不安，最後還是放棄在樂天市場開店的念頭。或許只是剛好跟那位負責的窗口合不來吧。」

——後來當營業額成長之後，沒想過要在樂天市場開店嗎？

「這點也令我傷透了腦筋。當單月營收成長到 200 萬圓左右，營業額進入原地踏步的狀態時，我請教過在樂天市場開店的店長及老闆，得到許多人給的寶貴意見，像是『既然已經靠自家網站建立了品牌實力，或許不必勉強在樂天市場開店』。」

——有道理，明明已經靠自己的力量打響「LUCAxCOH」這個品牌的知名度，還把商品放上樂天市場販賣，支付手續費給樂天市場的話，總覺得有點愚蠢呢。

「倘若沒有自家網站，我大概也不會為建立品牌實力努力成這樣。一旦把銷售交給樂天市場，肯定會有些掉以輕心的地方。」

——今後也打算繼續透過自家網站販賣嗎？

「是的。我想好好的創造出利潤，而且能隨心所欲運用銷售方法的自家網站真的很開心。相反的，要是在其他網路商城開店，或許可以賣得更好，但是在競爭對手眾多的市場上賣得太好，說不定就會出現仿冒品。從什麼都沒有的地方一步一腳印的讓自家網站成長茁壯，再把商品交到消費者手中，才是最理想的方法也說不定。要是能培養出品牌實力，建立起讓消費者認定『只想在這裡買！』的銷售方式就好了。屆時想法可能又不一樣就是了（笑）。但是像我這種喜歡按照自己的步調，從幼苗開始培養會認定『只想在這裡買！』的忠實顧客的人，或許就很適合利用自家網站來銷售。」

寫在最後

非常感謝大家閱讀到最後一頁！

閱讀一本將近 300 頁的書，我想是非常辛苦的一件事。對於如同一開始所說「閱讀到最後一頁」，只要能跨過這個門檻，身為作者，就已經想用力的為大家拍拍手了。

真是辛苦各位了！

寫完自家網站的攻略本後，我第一個想到的是「做生意到底是怎麼一回事？」這個單純的疑問。

所謂做生意，指的就是賺錢。至於經營網路商店這門生意，倘若只是以賺錢為目的，或許在樂天市場或 Amazon 上開店比較能有效率的賺到錢也說不定。

然而，經營購物商城上的網路商店，需要耗費非常多的心力。要被嚴格的規定綁住，又得不到顧客情報，不知道手續費何時會漲價，所以總是心驚膽戰的。而且還得花廣告費，又會被捲入削價競爭，必須永遠背著沉重的包袱做生意。

於是，我又想起那個老問題，「做生意到底是怎麼一回事？」

為何寧願吃那麼多苦，也要繼續做生意呢？

為了賺錢，當然要吃點苦。但是，經營時下購物商城的網路商店要吃的苦說是「苦修」的程度也不為過。這麼一來，已經不是為賺錢吃苦，而是「都吃了那麼多苦，怎能不賺到錢」，處於目的與手段反過來的狀態。

這次，藉機回顧了一遍名為自家網站的商業模式。裡頭存在著另一個與經營購物商城的網路商店不同的「做生意」的世界，即為重視獲利率的經營，不採取打腫臉充胖子的削價競爭，商品裡充滿了經營者的熱情，以適當的價格、喜歡的方式販售——自家網站就是這麼「自由」的存在。在享受這種自由的生意人與熱愛這種自由的消費者包圍下，自家網站的網路商店經營看起來就跟樂園沒兩樣。

想當然耳，在經營自家網站有其辛苦的地方也是不爭的事實。然而，這份辛苦是「為了賺錢的辛苦」，與「都吃了那麼多苦，怎能不賺到錢」的生意人所感受到的成就感是截然不同的。

可以想像今後網路商店業界的競爭將愈來愈激烈。

Amazon 將繼續壯大，在商品數量、商品實力、價格方面以彷彿要將地球上所有的網路商店都趕盡殺絕的氣勢，持續展開凌厲的攻勢。

我想樂天市場也不遑多讓，但是像以前那樣，利用廣告就能讓商品賣得嚇嚇叫的時代已經結束了。今後或許不再能發個電子報就能讓商品賣到缺貨，也不會有再用電視廣告大張旗鼓的告知促銷訊息，蜂擁而上的使用者就把伺服器搞到當掉的狀況發生。

這麼一來，對於在網路上開店的人，肯定會造成一定程度的負擔。過去就像網路商店的樂園般的樂天市場也會隨著 Amazon 及免費的 Yahoo 購物中心抬頭，一點一滴的改變樣貌吧。

既然如此，從購物商城跳進網際網路的汪洋大海中，靠自己的力量建立自家網站這個新的樂園也很有趣也說不定。

可自由對外連結。

可自由刊登電話號碼。

可自由開設實體店鋪。

幾乎能獨占所有的營業額。

顧客名單也全都在自己的掌握之下。

工作的時候不需要擔心每年增加的手續費，也不用擔心規則會突然改變。

要是本書能扮演「設計圖」的角色，幫助各位打造出這種自由的樂園，身為作者，就能得到很大的滿足了。

以下請容我講一下自己的私事。

我成立了一個名為「竹內商業繁盛研究會」的商業研究會。在那個研究會裡，每天都會透過電子郵件或電話對網路商店的經營提供建議。

「想用臉書集客」

「想把消費者從網路商店吸引到實體店鋪」

「為了提升營業額，該怎麼做才好？」

接受諸如此類關於經營網路商店的諮詢，已經持續了 10 年以上。如果不知該怎麼經營自家網站的網路商店，請不要客氣，歡迎加入竹內商業繁盛研究會，與我商量。

此外，看了這本書，心想「要開始經營自家網站了」、「換成 MakeShop 的購物車，來製作最強的自家網站吧！」的人，請務必光臨我的網頁。只要用「竹內謙禮」這個名字搜尋，應該很快就能找到。我在那裡準備了對經營自家網站有幫助，專門獻給本書讀者的特別驚喜給大家（笑）。敬請期待，並前來我的官方網站玩。

對了，如果有興趣的話，也歡迎訂閱我寫的電子報。標題是「ボカンと　れるネット通信講座（大賣特賣網路通信講座）」，每周一次，努力的送上對經營網路商店及提升營業額有幫助的內容。當然是免費訂閱。經過 10 年以上風雨無阻的發行，讀者已經多達 1 萬人。字裡行間都充滿了「希望大家的營業額都能成長」的願望，不介意的話，歡迎看一下。也歡迎各位透過臉書提出交友申請，所以請不要客氣，盡量提出申請吧。基本上，我是個來者不拒的經營顧問。

最後，倘若各位在經營自家網站的過程中遇到什麼傷心或煩惱的事，請務必想起這本書的存在。裡頭應該寫了一些只消隨便翻一下，就能讓人湧出足以克服那些傷心或煩惱的智慧與勇氣的內容。希望大家都能把這本書當成護身符，珍而重之的收藏在書櫃裡，或者是當成考試的參考書，使用到破破爛爛為止。

為了讓自家網站的營業額能突飛猛進的成長，請把這本書當成墊腳石。

竹內謙禮

國家圖書館出版品預行編目（CIP）資料

自家網站大賣的鐵則：68個技巧一PO網就熱銷 / 竹內謙禮作. -- 初版. -- 臺北市：今周刊, 2017.10
296面；14.8X21.0公分. -- (Unique系列；18)
譯自：自力でドカンと売上が伸びるネットショップの鉄則：楽天にもAmazonにも頼らない!
ISBN 978-986-94696-9-2(平裝)

1.網路行銷　2.電子商務

496　　106016072

Unique系列 18

自家網站大賣的鐵則：68個技巧一PO網就熱銷

作　　者　竹內謙禮
責任編輯　黃愷翔
行銷副理　胡弘一
內文排版　簡單瑛設
封面設計　萬勝安
校　　對　王翠英、黃筠菁

發 行 人　謝金河
社　　長　梁永煌
副總經理　陳智煜

出 版 者　今周刊出版社股份有限公司
地　　址　台北市南京東路一段96號8樓
電　　話　886-2-2581-6196
傳　　真　886-2-2531-6438
讀者專線　886-2-2581-6196轉1
劃撥帳號　19865054
戶　　名　今周刊出版社股份有限公司
網　　址　http://www.businesstoday.com.tw

總 經 銷　大和書報股份有限公司
電　　話　886-2-8990-2588
製版印刷　緯峰印刷股份有限公司

初版一刷　2017年10月
初版四刷　2018年 2 月
定　　價　360元

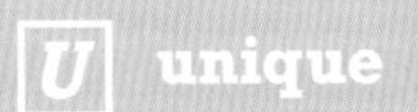

U unique